国家自然科学基金项目："面向复杂动态场景农作物目标精确检测识别的深度显著性编码研究"（项目编号：61866016）

图像特征处理技术及应用

杨　贞　著

科学技术文献出版社
SCIENTIFIC AND TECHNICAL DOCUMENTATION PRESS
·北京·

图书在版编目（CIP）数据

图像特征处理技术及应用 / 杨贞著.—北京：科学技术文献出版社，2020.8
（2022.10重印）
ISBN 978-7-5189-7003-2

Ⅰ.①图… Ⅱ.①杨… Ⅲ.①图像处理 Ⅳ.① TP391.413

中国版本图书馆 CIP 数据核字（2020）第 139506 号

图像特征处理技术及应用

策划编辑：张 丹 责任编辑：张 丹 邱晓春 责任校对：张咏棶 责任出版：张志平

出 版 者	科学技术文献出版社
地 址	北京市复兴路15号 邮编 100038
编 务 部	(010) 58882938，58882087（传真）
发 行 部	(010) 58882868，58882870（传真）
邮 购 部	(010) 58882873
官 方 网 址	www.stdp.com.cn
发 行 者	科学技术文献出版社发行 全国各地新华书店经销
印 刷 者	北京虎彩文化传播有限公司
版 次	2020 年 8 月第 1 版 2022 年 10 月第 3 次印刷
开 本	710×1000 1/16
字 数	196千
印 张	12.25 彩插4面
书 号	ISBN 978-7-5189-7003-2
定 价	68.00元

前　言

　　2020年1月，在笔者计划写这本书之前，新冠肺炎已经有了在全球蔓延的趋势。随着时间的推移，从事计算机视觉领域研究的人员，开始利用图像处理技术来识别新冠肺炎，并利用特征提取的方法识别感染新冠肺炎（病理图像）的特有纹理特征，以此来判定患者感染新冠肺炎的可能性，对最终确诊新冠肺炎起到重要的辅助作用。

　　图像特征处理技术是图像处理技术的一个重要分支，其广泛应用于图像分类、显著性目标计算、行人重识别、目标检测与跟踪、视觉注意力机制、图像细粒度识别和图像分割等领域。本书第一章主要介绍了近年来的图像特征提取方法。第二章阐述了多种图像特征编码算法。图像分类是图像理解重要的研究方向，其任务是按照图像的内容将图像分成不同类别，本书第三章重点介绍了基于特征编码的图像分类方法。显著性目标计算核心思想是利用算法模仿人眼视觉显著性功能，目的是检测图像中吸引人视觉系统的感兴趣区域，本书第四章和第五章分别阐述了基于局部特征编码的条件随机场显著性目标计算方法和联合背景度量的自顶向下显著性目标计算方法。行人重识别技术在当今视频监控领域起着重要的作用，目的是在多个场景中辨别人的身份，本书第六章重点阐述了基于图像特征编码的行人重识别算法。目标检测与跟踪被广泛应用于真实场景中，其目的不仅是识别图像中的目标，同时还要定位目标所在图像中的位置，并提取目标的特征完成跟踪功能，本书第七章介绍了多种目标检测与跟踪方法。视觉注意力机制目的是快速有效地关注场景中的关键区域，避免背景信息对认识目标的干扰，本书第八章归纳了多种视觉注意力机制方法。图像细粒度识别与传统图像识别的不同之处在于不仅需要辨别目标的类别，同时还得区分出目标属于的具体子类别，本书第九章主要介绍了基于深度特征的图像细粒度识别方法。图像分割是图像处理的一个重要分支，其目的是对图像的像素进行分类，是一个具有挑战性的研究方向，本书第十章阐述了多种图像分割算法和机制。本书第十一章介绍了通过深度网络获取图像特征之后，如何实现甲骨文分类、烟雾识别和火焰检测任务。总之，图像特征处理技术是一个正在快速发展的研究方向，被广泛应用于多个领域。

从下定决心写这本书到成稿历时超过半年，写作过程中得到了江西科技师范大学刘君雅老师的支持和帮助（统稿和修订），人工智能实验室的同学也都为本书的编写付出了辛勤劳动和汗水，他们是陈龙、傅婷、何敦云、何秀颖、黄志艺、彭小宝、史伟兰、王琦琦、王志鹏、温超和、徐磊、徐文山、余晗青、郑钦浩和朱强强（按姓氏拼音排序）。初稿完成之后，笔者和傅婷同学又进行了多次的修订。

本书的编写借鉴了众多国内外同行的专著、报告和论文中的精华。在此，谨向这些计算机视觉领域的研究人员和学者表示真诚感谢！

本书的出版得到了国家自然科学基金项目"面向复杂动态场景农作物目标精确检测识别的深度显著性编码研究"（项目编号：61866016）的支持，同时还得到了科学技术文献出版社的大力支持，在此深表感谢！

由于水平有限，书中难免存在疏漏，恳请同行专家和读者不吝赐教。

杨贞

2020 年 8 月

目　录

第一章　图像特征编码技术概述

1.1　图像特征编码技术背景及意义

图像处理、模式识别和机器学习是人工智能研究领域的三大主要分支。图像处理主要是将图片中的像素进行边缘、梯度、纹理等特征提取，获取图像中感兴趣区域；模式识别中"模式"的含义是指某一事物定量或结构特征属性的集合，其核心思想是让计算机能对场景中出现的各种物体进行判别和理解，可以是文字、图像和声音等；机器学习本质是让计算机模拟人类学习，可分为符号主义机器学习和连接主义机器学习两大类[1-12]。

在信息革命的时代，尤其是人工智能技术的广泛应用，数据信息以图像的形式广泛存在于当今社会。怎样从这些图像中获得人们想要的信息显得尤为重要，特别是随着人工智能技术的发展及移动设备的应用，海量的图像在我们身边传播。这些图像内容丰富和多样化，因此，我们如何利用机器学习及计算机视觉的方法来处理这些图像数据非常有意义。图像分类、显著性目标检测及行人重识别是当今机器学习和计算机视觉研究领域的热门方向[13-22]。如何模拟人类大脑的视觉原理，使得计算机拥有认识图像内容及进行目标检测的能力，从而在网页检索、智能视频监控、图像内容分析、生物特征识别和显著性目标检测等领域辅助人类完成任务，从这些图像中获取人类想要的有用信息，并根据这些信息做出正确的判断以减少人类的工作，提高人类的工作效率，对社会的发展和人类的工作生活具有重要意义。例如，我们利用图像分类算法对互联网上的图片进行检索，分析图片的内容，获取人们想要的有用信息，可以极大地提高人们的工作效率；利用显著性目标检测方法，可以得到指定类目标在图片中的位置，能迅速地定位目标，实现指定类目标的检测，从而可以广泛地应用在行人重识别和车辆检测等领域；利用行人重识别的方法，可以快速地对大型公共场所进行视频监控，对检测到的行人判断其身份，从而可以很大程度地减少人类的工作。

当前，城市中视频监控系统逐步普及，建设"平安城市"正在全国展开。据报道，目前全国约600个城市正在建设"平安城市"，监控摄像头超过2000万个，投资超过3200亿元，而行人重识别在建设"平安城市"中会发挥重要的作用[23]。因此，在当前的机器学习、计算机视觉及模式识别领域，图像分类、显著性目标检测及行人重识别是最热的研究方向，而基于局部特征编码实现图像分类、显著性目标检测的方法更是这些方向的核心。整个方法的实现由以下几个模块组成：局部特征提取、特征表示、生成码本、特征编码、特征合并，最后是利用合并后的特征向量实现图像分类、显著性目标检测及行人重识别[24-26]。随着信息技术、数字媒体摄像及存储技术的飞速发展，人们获取大量图像数据和视频数据的手段越来越多。目前，互联网上每天都在更新数不尽的图像数据和视频数据，如何从这些海量数据中获得自己想要的东西，是目前各大互联网和高科技公司急需解决的问题。

基于以上分析，本书把分析图像特征数据的任务分成以下几个方面：如何获得图像中有用的数据（目标特征提取）、如何认识图像中包含的内容（图像分类）、如何寻找图像中目标的位置（显著性目标检测）、如何判断这个目标是人们想要找的目标（目标识别）。基于上述问题，在每年的国际顶级会议和各种国际顶级期刊上，都有相关的方法被提出来，因而具有广泛的研究及实际应用价值。

1.2　图像特征编码方法起源与发展

在机器学习和模式识别研究领域，基于图像特征编码方法，完成图像分类、显著性目标检测及行人重识别主要历经5个阶段：图像特征的提取，这一步就是从原始图像数据中提取有用的特征点或描述子信息，这些特征往往包含了极值点、梯度方向、梯度幅值、颜色直方图、纹理等信息；图像特征的降维，上述提取的特征往往数量很大，维数也很高，一些方法提出要对这些提取的特征进行降维；稀疏编码（SC），对提取到的特征进行编码以获得更深一层的特征；稀疏编码与条件随机场的结合，在各个领域均取得了突破性进展；深度学习，此阶段方法源于神经网络的研究，区别于传统浅层神经

网络，深度学习采用多个卷积层和全连接层组成一个深度卷积神经网络，此网络通过大量的训练样本能够学习到更有效的图像特征表示，在模式识别和计算机视觉多个领域，此方法均取得了突破性进展。

第一阶段，图像特征的提取。对图像或图像中的目标描述其亮度、纹理、形状或像素之间的信息。在解决图像分类、显著性目标检测及行人重识别任务中，常用的特征可以概括为两种，即全局特征和局部特征。全局特征包括颜色特征（颜色直方图、颜色相关图、颜色矩、灰度共生矩阵和全局不变谱模式（Global Invariant Spectral Templates，GIST）特征等。局部特征表示从图像局部区域按照周围相邻像素的特定模式提取极值点、角点、关键点等信息。要完成图像分类、显著性目标检测及行人重识别等任务，常用的局部特征有梯度直方图特征、局部二进制模式特征、梯度位置方向直方图、尺度不变转换特征等。

第二阶段，图像特征的降维。一般情况下，一幅图像往往要提取大量的特征，为了获得更高的图像分类精度，研究员需要把每幅图像的所有特征整合成一个有效的特征向量，而这个特征向量往往维数很高且噪声多、冗余性大、计算耗时多，在实际应用中，若直接采用这些高维特征向量进行图像分类或目标识别，实验结果往往不理想。降维的核心思想就是通过线性或非线性方式把原始的高维特征向量映射成一个低维特征向量。常用的降维方法有主成分分析降维方法（PCA）、线性判别分析降维方法（LDA）、等距离映射降维方法（ISOMAP）、局部线性嵌入降维方法（LLE）及拉普拉斯降维方法（LE）等。例如，在图像分类任务中，一种常见的降维后特征就是主成分分析–尺度不变特征变换（PCA-SIFT）。

第三阶段，对局部特征进行稀疏编码。利用码本对图像的局部特征进行编码，以生成更有效的图像表示。常用的编码方法有矢量量化（VQ）、稀疏编码（SC）、局部约束线性编码（LLC）、显著性编码（SaC、GSC）。矢量量化主要利用直方图的性质统计局部特征在码本中出现的频率，通常由特征在码本中的最近邻码字来表示。稀疏编码的方法是利用部分码字来近似表示每个特征，并通过解最小二乘约束问题来实现。局部约束线性编码方法提出利用特征在码本中的局部近邻码字来描述特征，用局部性替代了稀疏编码中的稀疏性，会得到更好的实验结果。显著性编码方法发现仅仅用局部近邻和最大合并的方法会损失有用的信息，特别是在最大近邻和次大近邻相差不大的情况下，基于此，显著性编码方法是利用显著度来编码每个特征，并利

用特征与对应近邻码字之间的差异程度计算得到的。

第四阶段，稀疏编码与条件随机场的结合。其思想是利用稀疏编码的方法对特征进行编码，得到对应的响应向量，其向量作为条件随机场的隐变量，然后利用条件随机场调节稀疏编码中的码本，以学习更好的指定类码本，同时研究员再利用这个码本对局部特征进行编码，以更新条件随机场的权值向量。最终得到指定类码本的自顶向下视觉显著性目标模型，从而完成显著性目标检测。常用的基于条件随机场和稀疏编码的方法有 Yang 和 Kocak[27-28] 研究的方法。这两种方法的区别之处是 Yang 采用的是尺度不变特征转换（SIFT）局部描述子，而 Kocak 则利用超像素作为局部描述子。

第五阶段，深度学习。深度学习是近几年机器学习领域兴起的一个新分支，在图像分类、语音识别、视觉对象识别、场景检测等诸多计算机视觉领域取得了惊人的突破。典型的深度学习网络均包含级联的多层运算单元（如卷积层、池化层和全连接层等），这种级联的多层结构利用前一层的误差反向不断优化本层的参数，能够从原始数据中自动学习到具有多层次抽象的特征表示。目前，从技术角度上提出新的网络结构和改进现有模型和方法，以进一步拓展和提升其在各领域应用的广度和深度方面的研究，主要将卷积网络、深度置信网络和递归网络等与强化学习、多模态学习等结合，应用到各个领域。同时，对深度网络在视觉模式识别中有效性进行理解的理论研究也如火如荼，特别是深度网络的可视化、深度学习对抗样本存在的理论解释。虽然深度学习已经取得重大进展，但是在无监督学习、迁移学习、小样本学习和自然语言处理上仍然有较多的挑战。

概括起来，图像特征提取的研究已非常成熟，哪些特征用于解决哪些任务更有效，已得到广大研究员的认可，如梯度方向直方图和支持向量机（HOG+SVM）用于行人检测、稠密-尺度不变特征变换（Dense-SIFT）用于图像分类和目标识别、局部二进制模式（LBP）用于纹理分类等。在特征提取之后，对特征进行降维的研究也得到了广泛的应用，降维之后的特征可以降低计算量、提高计算速度，同时一定程度上减少了噪声的干扰。对特征进行稀疏编码获得图像的表示以完成图像分类和目标识别，是最近几年主流的研究方向，其方法可以较大限度地提高图像分类的精度，便于实际应用。利用条件随机场与稀疏编码的结合来解决显著性目标检测的问题，是当前热门的研究方向，利用此方法可以精确地定位显著性目标的位置，有利于人们对图像中的目标进行分析。

1.3　内容总结与概括

　　基于特征编码表示的图像分类、显著性目标检测及行人重识别是当前热门的研究领域，同时与人们的生活也息息相关。通常情况下，图像分类并不是直接利用图像的底层特征来判别图像的相似性，而是依据这些底层特征表示图像的语义以理解图像，并认识图像中包含的内容以完成图像分类。显著性目标检测是目标检测研究方向的一个重要分支，与传统的目标检测方法不同，显著性目标检测利用了人类的视觉显著性特性，能快速地定位显著性目标的位置。从人的视觉认知角度出发，人类认识目标主要有两种方式：自底向上和自顶向下。自底向上模型是基于图像底层特征（如亮度、颜色、边缘等）来认识目标的，而自顶向下模型是基于图像高层特征（如人、人脸、车等）来认识目标的。除了上述研究内容之外，基于特征编码表示的行人重识别也是目前的热门研究领域。行人重识别是指对出现在不同监控摄像头下的行人进行判别是否为同一个人，这一技术可以在打击犯罪、维护社会稳定方面起着重要的作用，可以大大节省人力、物力，提高破案效率。

1.3.1　图像分类

　　图像分类识别目前主要包括图像目标识别、图像场景识别、纹理图像识别等。在图像分类识别早期研究中，基于结构和部件的方法是典型的图像识别方法，其核心思想主要是图像中的目标部件之间具有几何联系，对这些空间几何关系进行建模以完成图像不同目标识别。近年来，基于图像特征稀疏编码的方法得到了广泛关注，核心思想是利用码本对图像中的特征信息进行编码，以得到每个特征对应的响应向量，其中的码本主要是通过 K-means 聚类算法对训练样本中的图像特征进行聚类得到，码本中的码字虽不具有图像特征之间的空间位置关系，但对形变、遮挡、视角变化具有较好的鲁棒性。因而，通过码本对图像特征编码的方法目前被广泛应用在图像场景分类及目标识别任务中。当前，大量的研究人员对其方法进行了多方面的改进，如学习更好的码本、不同类型特征融合、构建新的编码思想等。基于不同的研究动机及当前方法的驱动，展示了图像分类任务图，如图 1-1 所示。

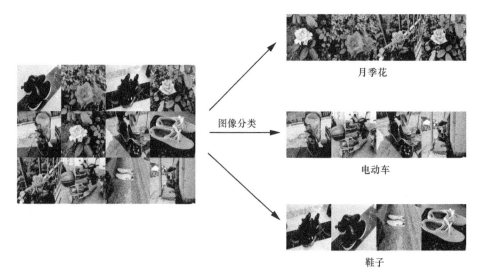

月季花

图像分类

电动车

鞋子

图 1-1　图像分类任务描述

1.3.2　显著性目标检测

视觉显著性是通过模拟人眼的视觉选择机制来判断哪些视觉信息值得提取并实施进一步处理。在计算机视觉领域，利用算法实现人眼的视觉显著性功能被称为显著性目标检测，其目的是检测图像中吸引人视觉系统感兴趣的区域。近几十年来，计算机视觉研究受到广泛关注，国内外研究人员提出了多种显著性目标模型，可以归为两大类：自底向上的显著性目标模型（自底向上模型）和自顶向下的显著性目标模型（自顶向下模型）。

1.3.2.1　自底向上模型

自底向上模型是由图像的底层数据驱动的，通过提取图像的底层特征来计算场景中的显著性目标区域。在自底向上模型中，显著性注意的区域是明显区别于其周围区域，按照特征提取方式可以把自底向上模型分为如下几类。

（1）基于心理学认知的显著性目标模型

此模型的特点是从心理学与认知的概念及有关发现来构建图像中显著性目标模型。Koch 和 Ullman[29]受心理学认知理论启发，提出了基于视觉注意模型的计算方法。此方法是通过滤波来提取特征，然后对特征进行加权以得到显著性目标图。Itti 和 Koch[30] 提出的显著性目标模型是最为经典的自底向上模型，已成为当前显著性计算方法用于比较的标准模型。此显著性目标模型（Itti 模型）首先利用高斯金字塔分解方法计算输入图像，使得每一层图像又分成颜色、亮度和方向 3 种通道，分别对每个通道根据"中心—周边"的机制提取图像特征图，并对其进行归一化、线性组合，最后合成显著性目标图。Itti 模型在显著性目标研究领域有 4 种实现方式：iNVT[30]、Walther 实现的显著性工具箱（Saliency Toolbox）[31]、Frintrop 实现的 VOCUS[32] 及 Harel 实现的 MATLAB 代码[33]。改进的 Itti 模型通过引入运动特征把显著性目标模型扩展到视觉注意领域[34]。Le Meur[35] 提出的一个自底向上模型是基于人的视觉注意系统结构的，该模型仿照人的视觉功能实现了中心—周边交互、视觉掩模和对比度敏感等功能。Le Meur[36] 提出了融合彩色、非彩色及时间信息把显著性目标模型扩展到时空域，在初始阶段，提取视觉特征并作为几个并行通道的输入，从而每个通道的特征图被生成，最后把所有通道的视觉特征图融合，以便得到最终的显著性目标图。Kootstra[37] 提出利用 3 个对称显著性操作，并把它们与人的视觉跟踪数据进行比较。这 3 个对称显著性操作分别是径向对称性操作、等方对称性操作与颜色对称性操作，研究人员对这 3 种操作进行扩展，以获得多尺度的对称性视觉显著性目标模型。实验表明，该模型在计算对称显著性方面明显优越于 Itti 模型。在认知计算模型中，多依赖于视觉注意的生物学基础，对于更好地理解视觉注意显著性目标模型神经机制与计算原理有重要意义。

（2）基于信息理论的显著性目标模型

计算视觉注意显著性模型的本质是从真实视觉场景中计算最大化信息显著度，其中最为经典的模型为 Bruce 和 Tsotsos[38] 提出的 AIM（Attention based on Information Maximizaiton）模型，其利用香农自信息度计算图像的显著性区域。局部图像区域的显著性是指该区域相对于它周边区域的差异性，如图像特征信息设定为 $I(x)$，则 $I(x) = -\log_2(p(x))$ 表示与特征 x 的概率成反比。为了估计 $I(x)$，先要估计概率密度函数 $p(x)$，其步骤是：首先随机选取一定数目的自然图像块作为训练样本，以得到用于独立成分分析（ICA）的基函数；然后将图像被分成 $M \times N$ 个大小相同的块，利用 ICA 提取相应块的系数作为该块的特征，各个特征的分布情况由概率密度估计计算得到；最后计算得到特征的概率密度为 $p(x)$。Hou 和 Zhang[39] 提出了增量编码长度（Incremental Coding Length）的方法来计算每个特征的熵值，其目的是获得最大化视觉特征，通过选择编码长度增加的特征以获得动态与静态真实场景的视觉显著性。在视觉注意系统分配的原则下，该模型中的显著性视觉因子相当于稀有特征。Mancas[40] 的观点是图像中的少数特征更能吸引人的视觉注意度，在其提出的显著性目标模型中，利用图像块的全局特征稀有性和局部特征稀有性的线性组合来计算场景中的显著性目标区域。Seo 和 Milanfar[41] 提出了基于自相似性的显著性预测模型，先是将图像中每个像素局部位置的结构信息用一个局部回归核矩阵（Local Regression Matrix）表示，然后计算每个像素与周边像素的矩阵余弦相似性（Matrix Cosine Similarity），最后计算其图像显著性值。

（3）基于谱分析的显著性目标模型

前面介绍的算法都是在空域上计算图像显著性，基于谱分析的方法则采用图像的频域特征来表示。起初，Hou 和 Zhang[42] 提出了基于谱残留（Spectral Residual）显著性计算方法，其通过对图像的谱频域进行分析，发现图像中大多数相似区域的谱是相似的，图像显著性区域对应的就是谱异常的区域。除此之外，Guo[43] 提出了时空显著性目标模型，其方法在某种程度上是对 Hou 算法的修正，其中心思想是把像素的颜色特征与运动特征集成到四元复数中，然后对其进行四元数傅里叶变换，再对其相位谱进行四元数傅里叶变换，从而获得时间—空间域的显著性目标图。谱分析方法实现方便、简单、高效，适合实时应用，缺点是其生物学和心理学依据不清晰。

1.3.2.2 自顶向下模型

自顶向下模型是基于具体任务的视觉显著性目标模型，如汽车驾驶、视觉搜索、目标定位等，有些没有给出具体的任务，但是模型的计算考虑了自顶向下的因素，这方面相关的研究主要考虑了人眼注意建模的准确性。由于自顶向下模型的复杂性与多样性，构建自顶向下模型是较为困难的工作，当前针对自顶向下模型的研究工作大都限定了任务或条件，只有少部分的研究内容是完成多任务建模的。从模型构建的方式来分析，自顶向下模型可以分为以下几类。

（1）基于贝叶斯框架的显著性目标模型

贝叶斯模型常用来分析场景内容和图像目标特征，在此模型中，场景内容与图像目标特征依据贝叶斯规则进行概率组合。Oliva[44]等提出了基于贝叶斯模型的视觉搜索任务，其模型的显著性计算包含两部分：一是计算自底向上的视觉显著性；二是计算自顶向下显著性特征。在计算自顶向下显著性目标模型时，先由场景中的局部描述子计算得到场景中的全局特征表示；之后再训练全局特征与搜索目标之间的位置关系，以便得到目标出现的区域；最后对上述两个部分的显著性进行指数相乘，从而得到最终的显著性目标图。在此模型的基础上，Ehinger 等[45]把图像目标特征的先验信息添加到上述方法中，可以获得更符合人眼注视机制的视觉显著性目标图。与上述方法不同的是，研究人员 Kanan[46]等利用自然图像统计的方法计算目标显著性，并应用在自顶向下模型中，取得了较好的实验结果，与 Torrallba 和 Oliva[44]提出的模型相比，此算法是把自底向上显著性计算与自顶向下显著性计算融合在一个贝叶斯框架中，该模型的优势在于它采用了自然图像统计特征来表示当前图像的自信息，在实际应用中，此表示更能反映目标与背景之间的差异性。

（2）基于统计决策理论的显著性目标模型

统计决策理论的核心思想认为人的视觉认知系统对周围环境状态的感知是一种最优化的决策方式。由此启发，Gao 等[47]团队提出了利用统计决策理论来计算视觉显著性目标模型，该模型的特点是具有统计学理论背景。Gao 等[48]认为视觉认知过程是把图像显著性特征看作最能表示图像显著性区域的特征，从而把自顶向下模型定义为最小分类错误率下的分类问题，把此显著性目标计算方法应用在视觉识别领域可以取得更好的实验效果。Mahadeva 等[49]提出了利用运动感知分组的生物学机制来计算显著性目标模型，该模型扩展了判别显著性目标模型，并把动态纹理引入显著性目标模型中，增加了模型对动态背景和运动相机的鲁棒性。此外，Gu 等[50]提出了利用决策理论机制检测图像中感兴趣区域的算法，其先提取场景图像中的视觉特征并检测有意义的目标以生成活动图，然后在此活动图基础上利用视网膜滤波计算感兴趣区域。

综上所述，贝叶斯模型可以看作决策理论模型的特例，两种方法都模拟了人的显著性视觉机制的计算过程，不过贝叶斯理论模拟了人的视皮层中简单细胞的功能，而决策理论同时模拟了简单细胞与复杂细胞的功能。

（3）基于模式分类的显著性目标模型

利用机器学习方法可以计算图像的视觉特征与人眼注视显著性区域之间的映射关系，这种方法能模拟人眼注视机制，从而做出较好的预测。在模型学习过程中，采用的机器学习方法有神经网络、支持向量机、概率核密度估计等，与其他方法相比，该方法的最大优点是不需要特征的先验假设就能较好地预测人的注视行为。Peters 等[51]通过训练样本学习了一个简单的回归分类器，用来计算给定场景与视觉注视点之间的依赖关系。在测试阶段，先提取图像中关键点特征并作为已学习好的分类器输入，以获得自顶向下显著性目标图，最后把自顶向下显著性目标图与自底向上显著性目标图相乘，从而得到最终的显著性目标图。Judd 等[52]从人的注视数据出发，利用低层、中层、高层的图像特征来学习线性支持向量机，在注视点的特征向量标记为+1，随机选择点的特征向量标记为-1，实验结果表明，该算法能较好地预测人的注视行为。除此之外，Yang 等和 Kocak 等[27-28]提出的基于目标任务的自顶向下模型也被应用在显著性目标计算领域。

1.3.3 行人重识别

行人重识别的核心思想是从多个摄像头场景中识别特定的人体目标，目的是让计算机寻找不同视频监控场景下的特定目标，以减轻人类的工作，如图 1-2 所示。由于监控摄像头受到环境的影响，同一个人出现在不同的摄像头下也会具有很大的差异性，如何克服光线、视角和形变等的影响，提高行人重识别的准确度，成为当前研究人员关注的热点。传统的行人重识别主要由两个步骤组成：特征提取和匹配识别。依照研究侧重点的不同，当前方法可以归纳为两大类：①基于特征提取的方法，目的是从人体图像中提取具有判别性的特征，用来区分不同的人体，同时降低光线和视角变化等的影响；②基于距离度量的匹配识别方法，目的是学习符合人体图像特征分布特性的距离匹配函数，从而使同一个人的图像特征距离较近，不同人图像特征之间的距离较远。

图 1-2　行人重识别

1.3.3.1　基于特征提取的方法

（1）低层视觉特征

低层视觉特征广泛应用在多种机器视觉任务中，如图像分类、视频检索、目标检测和识别等。在行人重识别研究领域，利用底层特征进行人体识别是常用的方法之一。当前的底层特征主要包括颜色直方图特征、纹理特征、局部特征。颜色直方图特征：通过统计图像上的颜色分布来描述整幅图像或图像中的一个小区域，其特征对视角变化具有鲁棒性，但易受光线和亮度变化的干扰。常用的颜色空间包括 RGB 颜色空间、HSV 颜色空间和 YCbCr 颜色空间。纹理特征：描述整幅图像或其中一小块区域的结构信息。常见的纹理描述子有 Gabor、局部二进制模式（Local Binary Pattern，LBP）、共生矩阵（Co-occurrence Matrices）。局部特征：不对整幅图像进行描述，而只对图像中局部关键点进行描述，图像中对外界变化较为鲁棒的区域看作显著性区域。常见的局部特征有尺度不变特征变换（SIFT）、梯度方向直方图（HOG）。当前的方法主要是把一幅图像划分成多个区域，对每一个区域集成多种不同的底层视觉特征，以生成更为鲁棒性的显著性目标模型。

（2）中层语义属性

当前大部分行人重识别算法是利用底层特征来实现的，然而，在判别不同人的时候，往往不是完全通过底层特征来实现的，而是更多地利用语义属性来判断两幅图片是否属于同一人，语义属性包括发型、上衣的类型、裤子的类型、鞋子等。与底层特征相比，利用人体的语义属性来表示行人特征具有以下几个方面的优势：①对于不同监控视频下的人体外貌特征差异语义属性更为鲁棒，在不同监控视频下的同一行人，其语义属性往往是不变的；②语义属性更类似人类理解事物，因此，利用语义属性完成行人重识别任务，能取得更好的效果；③利用语义属性的方法进行行人重识别，更方便人与计算机的交互。

在近些年，Layne 等[53]利用 15 种语义属性来描述行人，包含头发类型、衣服类型、是否携带物品和性别等。作者利用 SVM 来对人体的图像属性进行分类，同时分析一个属性的可靠性、判别性及属性是否容易与底层特征融合。为了利用属性的这种影响，作者通过加权的方式融合多种语义属性，从而得到一个更好的人体描述方式。Gong 等[54]认为在不同的监控场景中衣服的颜色和纹理特征会发生变化，但其类型通常是不变的，因此可以通过中层语义属性来提高行人重识别性能。虽然中层语义属性具有更好的判别性和不变性，但实际应用中却使用得很少，主要原因是很难获得语义属性，特别是质量不好的监控视频，语义属性检测更加困难。

1.3.3.2　基于距离度量的匹配识别方法

在通过特征提取计算人体相似性的方法中，通常会采用余弦距离、欧氏距离和测地距离等经典的度量函数，但这些距离度量函数往往未考虑样本的特性。除了早期的距离度量匹配方法，近些年来，Weinberger 等[55]提出最大间隔近邻分类（Large Margin Nearest Neighbor，LMNN）距离度量学习方法，该算法使用不相似样本对的约束并采用 Hinge 误差函数。Davis 等[18]提出信息理论度量学习（Information Theoretic Metric Learning，ITML）算法，该方法将学习矩阵映射到一个高斯模型，并利用 KL 散度度量学习矩阵之间的相似性。Zheng 等[56]提出了利用概率相对距离（Probabilistic Relative Distance Comparison，PRDC）度量学习方法，与 LMNN 方法不同，其用 Logistic 函数替代 Hinge 函数，把最终目标函数构成一个凸优化问题。Pedagadi 等[57]提出局部线性判别分析方法（Local Fisher Discrimination Analysis，LFDA）及 Xiong 等[58]提出利用基于核的局部费希尔判别分析（Kernel-based Local Fisher Discrimination Analysis，kLFDA）进行行人重识别，其距离度量学习方法根据训练样本信息，使得最终的距离函数能够更好地区分样本的特性。

1.4　本书主要特点

本书介绍如何利用图像特征编码方法解决图像分类、显著性目标检测、行人重识别任务，以及深度学习特征在实际场景中的应用。

（1）图像分类

利用目标指定类的码本并结合显著性编码的方法，以构造新的显著性特征用于图像分类，指定类的码本分别由每一类的训练样本学习得到。与传统的串联、合并每一类码本为一个全局码本的方法不同，利用每一类码本计算对应的显著性特征，然后对显著性特征进行稀疏编码，以获得图像内容的表示。与当前的码本学习和特征编码方法相比，如标签一致奇异值分解 LC-KSVD[2]，本书的方法不涉及复杂的优化算法。

（2）显著性目标检测

两种显著性目标检测方法：一是把局部约束线性编码（LLC）[24]与条件随机场（CRF）相结合，构造自顶向下模型，用来计算场景中的显著性目标映射图。在训练阶段，本书采用 LLC 编码响应作为 CRF 模型的隐变量，同时利用 CRF 模型优化调节每一类目标的码本。在测试阶段，利用学习到的模型对测试样本计算得到指定类的显著性目标映射图。二是把背景度量信息与自顶向下模型相结合，既可以有效降低背景的干扰，又能在复杂场景中计算指定目标的显著性目标映射图。首先，利用鲁棒的背景度量算法来降低背景噪声的干扰；然后利用上述的 LLC 编码与 CRF 结合的方法构造指定类的自顶向下模型；最后把背景度量与自顶向下模型相结合，计算复杂场景中指定目标的显著性区域。

（3）行人重识别

利用局部线性稀疏编码的方法并采用颜色和 HOG 特征来解决行人重识别任务：在行人检测方面，使用经典的 HOG 和 SVM 完成行人检测工作；在特征提取方面，采用 HOG 特征及判别性的颜色直方图特征来描述图像，同时结合位置函数、图像分割和金字塔技术尽量降低背景的干扰；在分类及识别方面，利用高效的局部线性稀疏编码算法完成。当将行人重识别系统应用于真实场景中时，研究人员不仅希望保证行人重识别准确度，而且要具有实时性。一般的行人重识别算法都忽略了计算时间，与当前算法不同，本书提出的方法在实时性方面同样很好。从两个方面验证了本书提出的方法：一是在公共数据集上进行实验，并与当前行人重识别算法进行准确度和精度的对比；二是在自行采集的视频上进行实验，目的是考察本书方法在实际场景中的性能表现。除了在 MATLAB 上完成实验之外，还开发了基于 C++ 和 Python 语言的图像识别系统。

➡ 第二章　图像特征提取及编码

2.1　图像特征

在模式识别问题中，图像特征提取具有重要的作用。好的图像特征对目标姿态的变化和光线的影响具有鲁棒性，并且包含大量的有用信息，以下内容详细分析了当前常用的图像特征。本章的定位是全书的理论基础，相关的所有方法、设计的算法基础均可在本章中找到理论支撑。本章首先简要介绍图像特征基础知识，包括颜色直方图特征、颜色上下文特征、图像局部特征、协方差描述子、纹理特征等，在此基础上，简要介绍了上述特征适用的场景；然后在图像特征基础上，简要介绍了当前的稀疏编码方法，并对编码算法做了概括性总结；最后给出了几种典型稀疏编码算法的数学模型。图像特征主要包括图像局部特征、颜色特征、纹理特征与协方差描述子等。

2.1.1　图像局部特征

在实际应用中，图像不可避免地会受到复杂背景、光线和噪声干扰，以及目标姿态变化的影响，给图像特征提取带来了极大的挑战。然而，图像局部特征往往对尺度、旋转和光线等具有鲁棒性。图像局部特征主要由特征关键点和特征表示两部分组成，特征关键点检测是为了确定特征点区域的位置，特征表示是用来描述特征区域的信息。较早的特征关键点检测方法是Harris[59]提出的角点检测算法，主要是利用自相关矩阵和微分运算检测图像角点。局部特征是行人重识别研究领域常用的一种特征，其思想是在含有丰富内容信息的区域周围提取大量带有颜色和结构信息的特征关键点。在相关研究中，Mikolajczyk[60]提出Hessian仿射不变算子（Hessian Affine Invariant

Operator）来确定感兴趣区域，再利用区域内的 HSV 直方图和边缘（Edge）直方图对比。Martinel 等[61]利用经典的尺度不变特征变换（SIFT）描述子作为一块区域的中心，之后采用高斯函数对此区域的颜色直方图进行加权。梯度位置和方向直方图（GLOH）[62]是为了进一步提高图像特征的判别力。De Oliveira[63]利用 SURF 描述子定位感兴趣区域，并结合 HSV 直方图生成一个更有效的特征。利用感兴趣特征点进行特征提取的优势具有光照不变性、姿态不变性。然而，感兴趣特征点往往很多且冗余，需要限制其数目，否则影响计算效率。除此之外，基于感兴趣特征点的特征对边缘很敏感，检测目标轮廓边缘效果差，图 2-1 给出了感兴趣特征点示意，图 2-2 展示了感兴趣特征点稠密提取。研究人员提出的梯度方向直方图（HOG）特征，主要是描述图像的梯度幅值和方向的信息，常用在行人检测算法中，如图 2-3 所示。

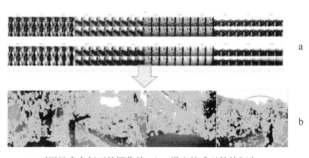

a：不同尺度空间下的图像块；b：提取的感兴趣特征点

图 2-1　感兴趣特征点稀疏提取

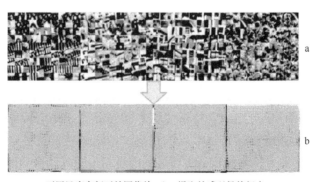

a：不同尺度空间下的图像块；b：提取的感兴趣特征点

图 2-2　感兴趣特征点稠密提取

图 2-3 HOG 特征点提取

2.1.2 颜色特征

颜色特征包括颜色直方图特征和颜色上下文特征。

颜色直方图特征就是统计图像颜色的分布信息，在行人重识别中经常用到。在实际应用中，颜色直方图常常从分割出的部位和区域中提取，而从不同的颜色空间中提取颜色直方图包含的信息也不一样，颜色空间包括 RGB 颜色空间、HSV 颜色空间和 LAB 颜色空间等。在这些颜色空间中，HSV 颜色空间对光照变化具有鲁棒性，LAB 颜色空间能够很好地区分色频通道和亮度通道，因此可以很好地抑制不同帧中的光照变化影响。然而，颜色直方图特征的缺陷是丢失了图像的空间和几何信息。在行人重识别中，为了使颜色直方图特征包含空间信息，人体轮廓常被划分为不重叠的水平条纹，之后在每个水平条纹中统计颜色直方图特征。除了提取空间中的颜色直方图信息外，研究人员还提出了多种方法以丰富图像信息。D'Angelo 和 Dugelay[64] 提出了概率颜色直方图特征（Probabilistic Color Histogram，PCH），其利用模糊 K 近邻算法将颜色量化为 11 种标准色，一个像素可以属于多个簇，每个像素 x 的隶属度向量 $\boldsymbol{m}(\boldsymbol{x}) = (m_1x, m_2x, \cdots, m_{11}x)$ 表示此像素颜色隶属于 11 种标准颜色的程度，在每个分割区域有 R 种，PCH 定义为：

$$PCH(R) = (PCH_1(R), PCH_2(R), \cdots, PCH_{11}(R)), \tag{2-1}$$

$$PCH_i(R) = \frac{1}{N} \sum_{i=1}^{N} m_i(x_i)。 \tag{2-2}$$

式中，R 表示已分割的区域，N 表示此区域中的像素总数。此方法就是将颜色量化至 11 种标准色且利用模糊聚类算法得到颜色直方图，相比于标准直方图算法更加可靠。然而，上述方法得到的直方图并未包含空间信息。基于此，Xiang 等[65] 提出了模糊空间颜色直方图特征（Fuzzy Space Color Histogram，FSCH），同时包含颜色和空间信息，其核心思想是用 RGB 颜色空间中的五维模糊直方图（5D）替代传统的三维直方图（3D），另外两维包含像素的几何位置信息，并定义一个隶属度函数，使得每个像素在每一维上都能投影到直方图中近邻的两个单元中。而在行人重识别实现过程中，研究人员将直方图维数降低到四维（4D），去掉了 x 坐标以应对人体姿态变化。

颜色上下文特征是由 Khan 等[66]提出来的，起源于形状上下文结构（Shape Context Structure）思想。图 2-1 展示了颜色上下文特征基本思想流程，将形状上下文结构分别置于行人的躯干和腿部中心，之后依据形状的大小和角度生成颜色直方图。在实际应用中，最好先进行前景和背景分割，这样获得的颜色上下文描述子更具有判别性，图 2-4 为颜色上下文描述子示意。

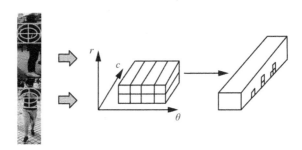

图 2-4　颜色上下文描述子示意

2.1.3　纹理特征

纹理特征常用于图像分类任务中，单一的纹理特征用于图像分类中往往效果并不好，需要和其他特征结合。由 Farenzena 等[67]提出的循环高结构块（Recurrent High-structured Patches，RHSP）描述子是最常用的纹理特征之一。在应用中，RHSP 利用熵阈值限制选取前景中包含丰富结构信息的图像区域，对姿态和旋转变化具有良好的不变性，但需要较高的分辨率图像。

Gabor 和 Schmid 滤波器也常用于纹理特征提取，作用于亮度通道，具有旋转不变性，可以限制姿态和摄像头角度的变化。除此之外，共生矩阵也可用于纹理特征提取。近几年，在目标识别研究中，特征一直是一个重要环节，无论是传统的图像特征还是新提出的特征，目的都是使特征可以应对姿态、光照、角度等方面变化带来的影响。然而，在真实应用中是否存在一种特征能够恒定地表示图像信息，仍值得探索，而在目标识别领域，除了提取特征之外，后续的分类识别也是一个重要环节。

2.1.4 协方差描述子

协方差描述子比较适合应用于行人重识别技术，因其对噪声不敏感且对颜色的恒等漂移具有不变性。R 表示图像 I 中的一块区域，则其协方差描述子表示如下：

$$C_R = \frac{1}{N-1} \sum_{j=1}^{N} (\boldsymbol{x}_j - \boldsymbol{u})(\boldsymbol{x}_j - \boldsymbol{u})^{\mathrm{T}}。 \qquad (2-3)$$

式中，N 表示区域 R 中的特征数目，x_j 表示区域 R 中第 j 个特征向量，$\boldsymbol{u}$ 是特征的均值向量。协方差描述子中采用的特征包含颜色、梯度或空间信息。Bak 等[68]提出了空间协方差区域描述子（Spatial Covariance Regions，SCR），包含了感兴趣特征点的 RGB 颜色、位置、梯度幅值和方向信息。在此行人重识别方法中，首先利用 HOG+SVM 检测人体，并将人体图像分割为不同的身体部位；然后采用协方差描述子衡量对应部位之间的相似程度；最后利用空间金字塔（Spatial Pyramid Matching，SPM）计算人体之间的不同性。Hirzer 等[69]采用图像水平条纹的协方差描述子进行行人重识别，描述子包含坐标、LAB 颜色和亮度信息，但不包含姿态变化信息。此外，Gabor 和 LBP 纹理特征也可组成协方差描述子，Gabor 掩模中的方向 0 对应姿态改变，LBP 特征反映灰度级变化。除上述协方差描述子之外，Bak 等[70]采用 Riemannian 均值协方差（Mean Riemannian Covariance，MRC），其从部分重叠区中提取，对部分遮挡具有鲁棒性，但需要较大的计算量，LBP 特征图如图 2-5 所示。

图 2-5 LBP 特征描述子

2.2 特征编码

随着信息时代的到类，从现实世界和网络世界中可获取海量的视频数据，特别是随着传感器和工业信息技术的进步，这些视频数据越来越清晰。在这种条件下，处理这些海量的视频数据，计算机视觉和模式识别技术起着非常重要的作用。图像分类和识别是计算机视觉和模式分析中最基本的任务之一，其涉及很多具体的研究领域，如目标分类、场景识别和人体动作识别等。然而，图像分类和识别问题仍具有很大的挑战性，并且充满类似光照、尺度、旋转、变形和杂波所带来的干扰，同时会受到背景复杂性和多样性的影响。除此之外，建立类内样本的关系模型不容易，并且当类内差距变化很大时，识别目标的类别也非常困难。在有关解决方案中，特征编码技术吸引了研究者的关注。

特征编码的核心思想是利用学习到的码本对原始特征进行编码，每个特征会获得对应的编码响应系数。基于图像特征编码的模型是图像分类和识别研究领域的主要方法，即从一幅图像中提取局部特征，然后利用局部编码的方法得到整幅图像的向量表示。在图像分类和识别应用中就是把从图像中提取的局部特征进行编码，编码之后的系数通常对应一个预定义长度的向量，基于局部特征编码的图像分类和识别流程如图 2-6 所示。

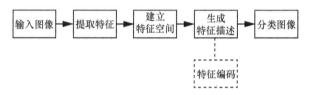

图 2-6　基于局部特征编码的图像分类和识别流程

为了更详细地描述局部特征编码，以特征包（Bag-of-Features，BoF）模型为例介绍局部特征编码的流程。在初始的 BoF 模型中，首先从训练图像中提取一定量的局部特征，如 SIFT，对这些局部特征进行聚类得到一个码本，这个码本包含的特征称为码字。这时，从一幅测试图像中提取局部特征，通过训练样本得到的码本对这些特征进行编码，每个特征在码字上的响应通过最大或均值操作进行合并，从而使一幅图像由码本上的响应进行表示。简单来说，BoF 模型利用图像中局部特征的统计特性来表示一幅图像。在研究局部特征编码时，主要讨论经典的 BoF 模型有 3 个原因：一是 BoF 模型简单、直观，广泛应用在图像分类和识别方法中；二是最初的特征编码方法都是基于 BoF 模型改进的；三是编码在 BoF 模型中是一个关键性环节。BoF 模型由以下 5 个基本步骤组成，如图 2-7 所示。

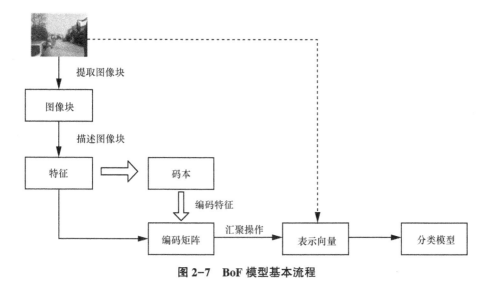

图 2-7 BoF 模型基本流程

步骤 1：划分图像块。此步骤输入是图像，输出是图像特征块。这个过程通常通过图像局部区域密集提取（固定网格）或稀疏提取（应用特征提取算法）。

步骤 2：图像特征提取。此步骤输入是图像块，输出是向量形式的特征描述子。这个过程通常通过对像素进行统计分析来实现如经典的尺度不变特征变换（SIFT）描述子，其利用每个方向上的像素梯度累计值来描述图像的局部区域块特性，最终得到一个 128 维的直方图向量表示（16 个子区域，每个区域 8 个方向）。其他描述子还有梯度方向直方图（HOG）、局部二进制模式（LBP）等。

步骤 3：生成码字。此步骤输入是从训练样本中提取的所有特征描述子，输出是码本中的码字。在实际应用中，为了计算的有效性，通常先随机采样生成子集，再将这个子集作为输入。码字通常是通过 K-means 算法聚类得到或通过监督/无监督学习算法获得的，码字组成的集合称为码本。

步骤 4：特征编码。此步骤输入是描述子和码字，输出为一个编码矩阵。在此步骤中，每个特征描述子激活若干码本中的码字，生成编码向量，长度与码本大小相同。编码算法之间的不同之处在于如何激活码字，如哪些码字响应大或小等。最后，所有的编码向量构成一个矩阵。

步骤 5：池化（Pooling）操作。此步骤输入为编码矩阵，输出是图像的最终向量表示。这个步骤通常是把每个码字上的响应合并成一个值来实现，经典的池化算法有平均池化（Average Pooling）、最大池化（Max Pooling）等。

在上述 5 个步骤中，特征编码最为关键，其连接特征提取和 Pooling 操作，并且在精度和速度方面对图像分类的结果影响很大。当前，研究人员提出了很多特征编码的方法，尤其是在基于稀疏性的特征编码被提出之后。本节从两个角度对特征编码进行分类：一是根据它们的最终表示进行分类，其描述一个局部特征向量的码字数目及在每个码字上编码响应的维度；二是根据它们的初始动机进行分类，有助于更加深度地理解特征编码算法。图 2-8 给出了平均池化和最大池化算法示意。

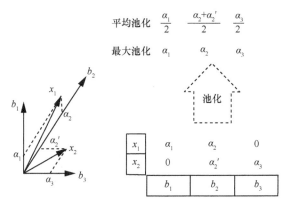

图 2-8　Pooling 算法示意

2.2.1　基于表示的分类

特征编码的最终表示规则主要有：①在对一个特征进行编码时使用的码字数目（单码字、多码字）；②每个码字上的响应维度（低维度、高维度），如图 2-9 所示。依据这两个规则，大部分的特征编码算法可以分为 4 类，如图 2-10 所示。

硬投票（Hard Voting，HV）编码算法：一个局部特征在其最近邻码字上的响应为 1，在其他码字上的响应为 0。

软投票（Soft Voting，SV）编码算法：一个局部特征利用其 K 近邻码字进行编码，在每个码字上的响应是特征与码字距离的函数。

显著性编码（Salient Coding，SaC）算法：显著度定义为局部特征和最

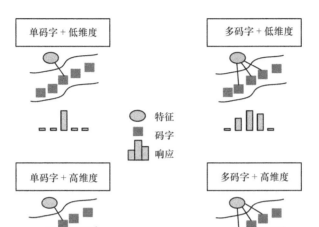

图 2-9　根据表示方法对特征编码算法进行分类的规则

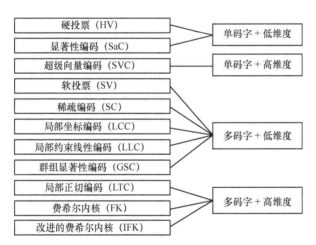

图 2-10　基于表示的特征编码算法分类

近邻码字的距离和其他除最近邻码字外的次近邻码字的平均距离之比。

　　稀疏编码（Sparse Coding，SC）：局部特征通过一组码字进行编码，这组码字可以在一个最小二乘优化目标和一种稀疏性限制的条件下最好地重建该局部特征，在每个码字上的响应是求解最小二乘优化目标得到的系数。

　　局部坐标编码（Local Coordinate Coding，LCC）：特征与码字间的距离作为一种惩罚项出现在目标函数中，与系数编码不同的是，其增加了距离

限制。

局部约束线性编码（Local-constraint Linear Coding，LLC）：改进的 LCC，目标函数中的距离和稀疏限制被最近邻的码字取代。特别需要说明的是，稀疏限制在 LLC 中是通过选取少量的码字实现的，而这些码字正是特征在码本中的近邻码字，因此也保证了距离限制。

群组显著性编码（Group Salient Coding，GSC）：是对 SaC 算法的扩展，GSC 选取若干码字进行特征编码，不同的是 GSC 对一组码字计算显著度并反馈给所有码字。特征在码字上的最终表示是在不同群组尺度下响应的最大值。

超级向量编码（Super Vector Coding，SVC）：特征在其最近邻码字上进行编码，特征与码字的距离表示响应值，并通过改变局部特征的向量维度重复这个过程，每个维度下的响应值均得以保留，所以最终局部描述子在码本中码字上的响应是多维的，每一维对应一个尺度下的局部特征空间。

局部正切编码（Local Tangent Coding，LTC）：是继 LCC 后提出的另一个特征编码算法，目的是利用正切限制提高 LCC 的精度。

费希尔内核（Fisher Kernel，FK）：利用所有特征建立高斯混合模型（Gaussian Mixture Models，GMM），每个码字都是 GMM 的中心。每个局部特征采用几个码字进行编码，在每个码字上的响应包括 3 个部分：一是局部特征与码字高斯分布均值向量对数似然函数的微分；二是特征与码字高斯分布函数协方差矩阵对数似然函数的微分；三是局部特征与码字高斯分布函数权值对数似然函数的微分。

2.2.2 基于约束项的分类

根据规则化参数项的不同，现有的局部特征编码方法可以分为 5 个主要类别：①基于投票的编码方法；②费希尔编码方法；③基于重建的编码方法；④基于局部正切的编码方法；⑤显著性编码方法。具体如图 2-11 所示。

全局编码（Global Coding）。旨在估计特征的概率分布函数，它注重对所有特征的全局描述，而不是单独描述每个描述子，在全局编码算法中主要有两类策略：一是基于投票的方法（Voting-based Methods）使用直方图描述特征的分布，直方图中包含码字的频率信息，其通常是由硬性量化或软性量化得到的；二是费希尔编码采用 GMM 估计特征的分布，GMM 包含均值和

$$
特征编码
\begin{cases}
投票
\begin{cases}
硬投票 \ (HV) \\
软投票 \ (SV)
\end{cases} \\[4pt]
费希尔编码
\begin{cases}
费希尔内核 \ (FK) \\
改进的费希尔内核 \ (IFK)
\end{cases} \\[4pt]
重建
\begin{cases}
稀疏编码 \ (SC) \\
局部坐标编码 \ (LCC) \\
局部约束线性编码 \ (LLC)
\end{cases} \\[4pt]
局部正切
\begin{cases}
局部正切编码 \ (LTC) \\
超级向量编码 \ (SVC)
\end{cases} \\[4pt]
显著性
\begin{cases}
显著性编码 \ (SaC) \\
群组显著性编码 \ (GSC)
\end{cases}
\end{cases}
$$

图 2-11　依据约束项的局部特征编码方法分类

协方差矩阵，这些都从某种方面反映了特征模式。

局部编码（Local Coding）。旨在描述每个独立的特征，主要有 3 种主流的局部编码方法：基于重建的方法（Reconstruction-based Methods）通过求解带约束的最小二乘优化问题，使用小部分码字来描述特征信息；基于局部正切的方法（Local Tangent-based Methods）通过近似特征的利普希茨光滑流形（Lipschitz Smooth Manifold）来得到特征的精确描述；基于显著性的方法（Saliency-based Methods）采用显著度对每个特征进行编码，显著度的计算方法不同，将得到不同的编码策略。

2.2.3　局部特征编码算法数学模型

$X = (x_1, x_2, \cdots, x_N) \in \mathbf{R}^{D \times N}$ 表示图像中提取的 N 个 D 维的特征向量，$B = [b_1, b_2, \cdots, b_M] \in \mathbf{R}^{D \times M}$ 是含有 M 个码字的码本，通常由 K-means 聚类算法得到，表示 N 个特征向量对应的特征表示。在局部特征编码方法中，每个局部特征 x 通过码本 B 得到的稀疏编码系数（响应）表示为 α，即在 M 个字上产生响应，这些响应系数最终构成了包含 M 个元素的稀疏编码向量 α。对于多数局部特征编码算法而言，码本中的 M 个码字只有很少的一部分被激发，用来表示一个特征，多数未被激发的响应赋值为 0，响应向量 α 通常是稀疏的，因此也称上述方法为稀疏编码算法。

（1）基于投票的编码算法

基于投票的编码算法（Voting-based Coding）核心思想是用响应的直方图表示特征的概率分布函数。直方图中的每个单元反映了所有特征在码字上出现的频率。此算法的优点是直观且易于实现，缺点是使用一个直方图近似概率分布函数是很粗略的。最常见的基于投票的编码算法包含硬投票（HV）和软投票（SV）。HV 算法是将每个特征分配给它在码本中的最近邻码字，因而编码的数学模型由下式表示：

$$\alpha(i) = \begin{cases} 1, & i = \arg\min(\|x - b_j\|_2) \\ 0, & \text{其他} \end{cases}, \quad i = 1, 2, \cdots, M。 \quad (2-4)$$

SV 算法使用局部特征与码本中码字的距离核函数来描述特征，此时常会用到多个码字，因而编码的数学表示如下：

$$w(i) = \frac{\exp(\|x - b_i\|_2^2/\sigma)}{\sum\limits_{i=1}^{M} \exp(\|x - b_i\|_2^2/\sigma)}, \quad i = 1, 2, \cdots, K。 \quad (2-5)$$

式中，σ 表示高斯平滑参数，M 表示最近邻码字数目。在初始的 SV 算法中，$M = K$，与 HV 算法相比，SV 算法有两个优点：一是 SV 算法利用距离核函数代替 HV 算法中简单的 0/1 表示；二是 SV 算法充分利用多个码本中的多个码字，而 HV 算法仅利用最近邻的单一码字。

（2）费希尔编码算法

费希尔编码（Fisher Coding）算法源自费希尔内核（FK），即从概率密度函数（Probability Density Function，PDF）中计算梯度向量来描述该信号，其梯度向量用来表明拟合数据时参数应该调整的方向。在图像分类应用中，信号是图像，梯度向量被用来进行特征编码。除了初始的费希尔编码算法外，改进的费希尔内核编码算法（Improved Fisher Kernel，IFK），其利用 GMM 描述特征的 PDF。GMM 的参数 $\theta = \omega_m$，μ_m，C_m 分别表示第 m 个高斯分布的权值、均值和协方差矩阵，这些参数可以通过期望最大化算法（Expectation Maximization，EM）估计得到。假设图像中所有的特征是独立的，则一幅图像 I 可以表示为所有特征的对数似然函数：

$$L(X \mid \theta) = \sum_{n=1}^{N} \log_2 p(x_n \mid \theta)。 \quad (2-6)$$

式中，$p(x_n \mid \theta)$ 为基于 GMM 的概率密度函数。标准化的梯度向量，即费希尔向量可由下式表示：

$$\daleth = F_\theta^{\frac{1}{2}} G, \quad (2-7)$$

$$G = \nabla_\theta L(X \mid \theta) = \left[\frac{\partial L}{\partial \mu}, \frac{\partial L}{\partial C}\right], \quad (2-8)$$

$$F_\theta = E_{X_p, X_q}(\nabla_\theta L(X_p \mid \theta) \nabla_\theta L(X_q \mid \theta))。 \tag{2-9}$$

式中，X_p、X_q 表示图像 p、q 中提取的特征集合；F_θ 表示费希尔信息矩阵，其可以近似求解费希尔编码向量。

（3）基于重建的编码算法

基于重建的编码算法（Reconstruction-based Coding）核心思想是通过求解带约束的最小二乘优化问题，用码字重建初始特征，其方法可以统一由下式表示：

$$\min \|x - B\alpha\|_2^2 + \gamma\phi(\alpha)，\text{ s.t. } \sum_i^M \alpha(i) = 1。 \tag{2-10}$$

式中，最小二乘项 $\|x-B\alpha\|$ 目的是精确重建特征，即重建后的特征 $B\alpha$ 与初始特征 x 的误差越小越好；约束项 $\phi(\alpha)$ 描述相似/相异的特征 x_1 和 x_2 具有相似/相异的重建系数 1 和 2，此处的重建系数即为特征 x 在码本 B 中的编码响应。各种重建的特征编码算法之间的主要区别体现在约束项 $\phi(\alpha)$ 的不同，表 2-1 给出了常见的 3 种约束函数。

表 2-1 基于重建的特征编码方式中的 3 种约束项

编码算法	约束项 $\phi(\alpha)$
稀疏编码（SC）	$\sum_{i=1}^{M} \lvert \alpha(i) \rvert$
局部坐标编码（LCC）	$\sum_{i=1}^{M} \lvert \alpha(i) \rvert \cdot \|x - b_i\|_2^2$
局部约束线性编码（LLC）	$\sum_{i=1}^{M} (\alpha(i) \cdot \exp(\|x - b_i\|_2 / \sigma))^2$

稀疏编码（SC）的核心思想是采用编码系数 $\alpha(i)$ 的 $L1$ 范数作为约束项，使得编码响应系数在表 2-1 基于重建的特征编码方式中有 3 种约束项，约束项 $\phi(\alpha)$ 在 SC 码字上是稀疏的；局部坐标编码（LCC）的核心思想是采用编码系数 $\alpha(i)$ 的 $L1$ 范数与特征和码字距离的 $L2$ 范数之积作为约束项，目的是使编码响应不仅在码字上表现为稀疏分布形式，同时要求选中的码字与特征尽量靠近；局部约束线性编码（LLC）的核心思想与 LCC 相似，唯一的区别是 LLC 用 $L2$ 范数替代 LCC 的 $L1$ 范数。自从图像分类方法采用 SC 之后，基于重建的编码算法得到了很大的关注，并且由于 LLC 存在可快速

求解的解析解，使得 LLC 在图像分类中得到了广泛的应用。

（4）基于局部正切的编码算法

基于局部正切的编码算法（Local Tangent-based Coding，LTC）是对 LCC 方法的改进，其引入了新的修正项，当底层数据流形相对平坦时，可以有效地近似高维非线性函数。与 LCC 方法相比，LTC 减少了定位点的数目，不仅减少了计算量而且提高了预测精度。LTC 方法假设所有的特征构成一个光滑流形，而码字也位于其中。因而，特征编码过程也可看作是利用码字的流形近似过程。在此情形下，特征之间不是独立的，而是密切关联的，这种关系可以用利普希茨光滑（Lipschitz Smooth）函数表示，主要步骤包括流形近似和维度估计。记 $f(x)$ 表示特征流形的 Lipschitz Smooth 函数，满足如下高阶表示：

$$\left| f(x) - f(\tilde{x}) - 0.5(\nabla f(x) + \nabla f(\tilde{x}))^{\mathrm{T}}(x - \tilde{x}) \right| \leqslant \beta \|x - \tilde{x}\|_2^2 。 \quad (2-11)$$

式中，$\tilde{x} = \sum_b \gamma_b b$ 表示若干码字的线性组合；γ_b 表示组合权值，是 Hessian 常量。

（5）显著性编码算法

显著性编码（SC）的核心思想利用 Max Pooling 算法得到特征编码的基本特性即显著性。在显著性编码算法中，一个特征在码字上的较强响应预示在显著性表示方面该特征与码字相对接近度高，也就是说，与其他码字相比，这个码字会与属于这个码字类别的特征更相似。因此，码字可以独自描述此特征。由于在 Max Pooling 算法中，只有最强的响应可以保留下来，会损失很多信息，而显著性编码可以保留最强和次最强的响应，因而，此编码方法更稳定。初始的显著性编码算法首先计算两种距离：一是特征与其最近邻码字的距离；二是特征与 K 个近邻码字的距离，并利用这两种距离的差异来反映此特征的显著性。显著性编码可由下式表示：

$$\alpha(i) = \begin{cases} \varphi(x), & i = \min(\|x - b_i\|_2) \\ 0, & \text{其他} \end{cases} , \quad (2-12)$$

$$\varphi(x) = \sum_{j=2}^k \frac{\|x - \tilde{b_j}\|_2 - \|x - \tilde{b_1}\|_2}{\|x - \tilde{b_j}\|_2} 。 \quad (2-13)$$

式中，$\varphi(x)$ 是特征 x 的显著度，b_j 表示距离特征 x 第 j 近邻码字。初始的显著性编码算法采用了硬编码的方式。Wu 等[71] 提出了群组显著性编码（GSC）算法，其核心思想是在一组码字上计算显著性响应，并且得到的响

应会反馈给组里的所有码字，而特征最终在每个码字上的编码响应是不同组尺度下所有响应中的最大值。

2.3 常用的公共数据集

为了测试本书提出的方法并与当前方法对比，在图像分类、显著性目标检测和行人重识别领域有一系列使用较为广泛的公共数据集。

2.3.1 图像分类数据集

在图像分类任务中，本书在 3 个公共数据集上开展了实验，分别是 Caltech101[72]、Scene15[73]、UIUC8[74]。

Caltech101：此数据集含有 9144 幅图片，隶属于 101 个目标类，如车辆、木桶、电视、动物、建筑物、花等，以及一个背景类。每一类图片的数目在 31~800 幅，大小各不相同。

Scene15：此数据集含有 4485 幅图片，总共有 15 个场景类，如海岸、办公室等。每一类图片的数目在 200~400 幅，大小均为 300 像素×250 像素。

UIUC8：此数据集含有 1579 幅图片，对应着 8 个体育场景类，分别为羽毛球、地掷球、槌球、马球、攀岩、划船、帆船、滑板滑雪，每个体育场景类的图片数目在 137~250 幅。

2.3.2 显著性目标检测数据集

在显著性目标检测任务中，本书在 4 个公共数据集和 1 个自行采集的数据集上进行了实验，分别是 MSRA-B[75]、Graz-02[76]、Horse[77]、PASCAL VOC 2007[78] 及 Plane。

MSRA-B：此数据集包含 10 个子文件夹，每个子文件夹有 500 幅图片，总共有 5000 幅图片。每幅图片的大小为 400 像素×400 像素，并且在数据集中每幅图片都有对应的像素层面上的真实标签图。MSRA-B 数据集包含多个类别，如人、飞机、马、花、鸟等。在本书实验中，选择 3 类［人（850 幅）、花（600 幅）、鸟（400 幅）］用于实验，这 3 个类别含有的图片数目

在 MSRA-B 数据集中是较多的。

Graz-02：此数据集包含 1180 幅图片，有 3 个目标类，如人、自行车、轿车，以及一个背景类，每一个目标类包含 300 幅图片，背景类包含 280 幅图片，图片的大小均为 640 像素×480 像素，每一张图片都有对应的像素层面前背景真实标记样本。

Horse：此数据集包含 328 幅马侧面图片及人工标记的像素层背景真实标记样本（Ground Truth Annotations）。

PASCAL VOC 2007：此数据集比 Graz-02 数据集更具有挑战性。此数据集由 9963 幅图片组成，包含 20 个目标类。在此数据集中，只有 632 幅图片具有真实标记的前、背景分割图。

Plane：此数据集包含 317 幅飞机图片及对应的前、后背景（Foreground/Background）标记图。这些多种多样的飞机图片是从谷歌地图（Google Map）上收集得到的。

2.3.3　行人重识别数据集

在行人重识别任务中，本书在 4 个公共数据集上开展了实验，分别是 VIPeR[79]、CAVIAR4REID[80]、ETHZ[81] 和 i-LIDS[82]。

VIPeR：此数据集由 Gray 等创建，含有来自两个监控摄像头视角的 632 个行人的图像对，每幅图像为 48 像素×128 像素。

CAVIAR4REID：此数据集是专门用来测试行人重识别算法的小型数据集，包含 72 个行人在购物中心的图像，其中，50 个行人的图像来自两个摄像机，22 个行人的图像来一个摄像机，每个行人有 10 幅或 20 幅图像，图像总数为 1220 幅。

ETHZ：此数据集是从 ETHZ 视频库中生成的，包含 146 个行人的 8580 幅图像，每个行人的图像数目为 5~356 幅不等。

i-LIDS：此数据集是从一个机场大厅拍摄的，其包含来自 4 个非重叠摄像机拍摄到的 119 个行人，每个行人含有 4 幅图像。

2.4 总 结

模式识别与图像处理领域的局部特征编码方法多种多样，在对它们进行分类并得到数学模型后，本章在性能方面对上述各种编码算法进行评价，其主要包含鲁棒性、适应性、准确性、独立性4个方面。鲁棒性是指对噪声、背景等干扰信息的不敏感性。适应性是指随着码本规模的增加，局部线性稀疏编码方法可以描述更多的特征模式，更适应码本规模的增加。准确性是指算法在实验中的准确度。独立性是指一个码字是否可以稳定地代表一种特征模式。

本章详细分析了图像特征及稀疏编码在图像分类和目标识别中的应用。图像特征主要包括颜色直方图特征、颜色上下文特征、感兴趣特征点特征、协方差描述子和纹理特征等。稀疏编码方法主要包括矢量量化（VQ）、稀疏编码（SC）、局部约束线性编码（LLC）、显著性编码（SaC）、费希尔编码（FC）等。

第三章　码本学习与图像分类

3.1　发展历史

基于局部特征编码的方法在计算机视觉、模式识别、机器学习等领域得到很大的关注，其广泛应用在图像分类、图像检索、视频监控和网页分析中。简单来说，图像分类就是将一幅图像按照其内容判别类标。要实现图像分类，首先需得到图像的表示，通常采用的方法是对图像中的局部特征进行编码，如稠密提取的尺度不变特征变换（SIFT）特征。

众所周知，基于局部特征编码的图像分类方法由以下 6 个步骤组成：①特征提取。图像作为输入，这个步骤的输出一般是图像块。提取特征的过程通常是通过对图像的局部区域进行下采样得到，常用的两种方法是稠密提取和稀疏提取。②特征表示。给定一幅图像块，其输出表示这个局部块的特征描述子（向量）。这个过程通常是对图像块进行统计分析得到，如 SIFT 描述子，其描述了这个块中像素的梯度方向信息和梯度幅值信息，从而最终生成一个 128 维的特征向量，其他的局部特征还有局部二进制模式（LBP）和梯度方向直方图（HOG）。③生成码本。这个步骤的输入是所有训练样本的局部描述子，输出是码本。考虑计算效率，在真实应用中，通常是从所有描述子中随机采样一个子集的描述子作为输入，然后利用 K-means 聚类算法生成码本。④特征编码。利用码本对一幅图像中的局部特征进行编码，以生成图像的表示。这个过程的输入是给定的特征描述子和码本，输出为编码的响应。在这个步骤中，每个特征向量由码本中一组相应的码字进行表示，以生成每个特征描述子对应的响应向量。其向量的长度等于码本的码字数目，目前编码方法的差异性表现在如何利用这些码字。⑤特征合并。这个步骤的输入是每个特征编码后的响应向量，输出是一幅图像合并后的向量，即图像

的最终表示。合并的方法包含 Average Pooling 和 Max Pooling 两种。⑥利用分类器（如 SVM）对得到的图像表示进行分类。在以上 6 个步骤中，码本生成和局部特征编码是关键，它们连接着特征提取和特征合并，大大影响着图像分类的性能，目前很多图像分类方法主要是改进这两个方面。

通常的码本生成方法是采用聚类算法（如 K-means）。然而，通过监督学习的方法来替代无监督学习的方法生成码本成为目前学习的热点，简单来说，就是利用监督信息（类别信息）对每类目标都生成一个码本，接着合并每类码本来构造一个全局码本。更复杂的生成码本方法采用最优化的方法学习码本。在聚类等法中，研究员提出了一种新的字典学习方法——K 次奇异值分解（K-SVD），就是用稀疏表示和优化算法来学习码本，其提出了具有类标信息的判别码本，并利用局部特征编码算法完成图像分类。利用码本量化局部特征是稀疏编码最重要的一步，本质上就是利用码本中的线性组合系数近似表示每一个局部特征，这个系数也称为局部特征在码本中的响应。矢量量化（VQ）是最初的一种特征编码方法，也就是每个特征由最近邻的一个码字量化，其对应的响应只包含一个非零元素。与 VQ 方法不同，软矢量量化（Soft-VQ）采用对多个近邻码字进行高斯线性加权来量化每个特征。此外，稀疏表示空间金字塔（ScSPM）提出了利用稀疏表示的方法来量化图像中的每个局部特征。但是，计算稀疏的过程需要增加大量的计算复杂度，在实际应用中，ScSPM 方法需要耗费计算时间。Wang 等[24] 提出了局部约束线性编码（LLC）来解决 ScSPM 方法遇到的问题，其思想就是用局部性约束条件替代稀疏性约束条件来实现对局部特征的量化。LLC 降低了计算复杂度，提高了计算效率，同时，基于 LLC 方法的图像表示用于图像分类可以得到更好的实验结果。

在 LLC 方法中，图像中的局部特征由多个近邻码字进行量化，并且采用 Max Pooling 算法来构造这些局部特征对应的编码响应，其中只保留响应最强的成分。局部特征在对应码字中编码的响应强度，表示其特征与码本中码字的近似程度，或者说是局部特征在码本中的显著性程度。如果对应的最大响应系数与次大响应系数不具有明显的差距，只保留相对最大的响应将不可避免地导致判别信息的损失。基于以上观点，研究员提出了显著性编码的方法，在 LLC 方法框架中利用相对近邻替代绝对近邻，以进一步提高图像分类的精度。

基于以上分析，本书介绍了一种新的特征编码方法，就是结合显著性编码方法与指定类码本学习的方法，其每类的码本从对应的训练样本中学习得到。传统学习类码本的方法是把每类码本串联或融合成一个整体的码本，与传统学习类码本方法的不同之处是我们利用指定类的码本计算得到相对于此类码本的显著性特征，接着把此显著性特征应用在传统编码流程中。与当前的方法（如 LC-KSVD）相比，本书的字典学习和特征编码方法计算简单，没有复杂的最优化计算问题。

3.2 特征编码方法

为了清晰地阐述相关工作，本书把编码方法总结为：矢量量化（VQ）、稀疏编码（SC）、局部约束线性编码（LLC）和码本学习的方法。基于局部特征编码的图像分类方法，通常提取的局部特征是稠密的 SIFT 特征，以构造图像的表示。$Y = (y_1, y_2, \cdots, y_N) \in \mathbf{R}^{D \times N}$ 表示 N 个具有 D 维的局部特征向量，稠密地从一幅图像中提取。$C = (c_1, c_2, \cdots, c_n) \in \mathbf{R}^{D \times K}$ 表示含有 K 个码字的码本，其生成的方式通常是对训练样本中的局部特征进行 K-means 聚类。给定一幅图像的所有局部描述子，$Y = (y_1, y_2, \cdots, y_N) \in \mathbf{R}^{D \times N}$ 利用码本对图像中的每一个局部描述子进行量化编码，目的是获得具有判别性的图像内容的表示。$W = (w_1, w_2, \cdots, w_N) \in \mathbf{R}^{D \times N}$ 表示每个局部特征在码本中对应的响应。接下来主要描述传统的量化编码方法。

3.2.1 矢量量化

矢量量化（VQ）是最经典的特征量化方法。在其方法中，特征的概率密度分布是由直方图描述的。直方图的每个位表示特征在码字中出现的频率，这个想法本质上容易实现，但是利用直方图信息来近似概率密度分布会丢失很多有效的信息，VQ 由下式进行表示：

$$w(i) = \begin{cases} 1, & i = \arg \min(\| y - c_j \|_2) \\ 0, & \text{其他} \end{cases}, \quad i = 1, 2, \cdots, K。 \quad (3-1)$$

Soft-VQ 是传统 VQ 的一种改进方法，其增加了高斯权重来对得到的量化响应进行加权，公式如下：

$$w(i) = \frac{\exp(\|y - c_i\|_2^2 / \sigma)}{\sum_{k=1}^{M} \exp(\|y - c_k\|_2^2 / \sigma)}, \quad i = 1, 2, \cdots, K。 \tag{3-2}$$

式中，M 表示最近邻的数目。为了提高计算效率，在局部软分配编码（Localized Soft-assignment Coding，LSC）方法中，M 的数值要远小于 K。

3.2.2 稀疏编码

特征量化就是利用预先学习码本中的码字，通过一种线性组合近似表示每个特征。VQ 方法是利用码本中的某个码字近似表示每个局部特征，稀疏编码（SC）的方法是利用码本中的多个码字近似表示每个局部特征，其约束条件是稀疏的，目的是权衡量化精度和稀疏约束的程度。SC 可由下式表示：

$$\arg\min \|y - Cw\|_2^2 + \gamma \sum_{i=1}^{K} |w(i)|, \quad \text{s.t.} \sum_{i=1}^{K} w(i) = 1。 \tag{3-3}$$

式中，γ 是用于权衡的正则化常量。尽管 SC 可以得到较好的特征量化，但是其较高的计算复杂度难以有效地应用在大数据集上。

3.2.3 局部约束线性编码

局部约束线性编码（LLC）是在 SC 基础上做了进一步改进，其理念是用局部性（Locality）替代 SC 中的稀疏性（Sparsity）。为了解决在求解最优化过程中产生的高计算复杂度，LLC 提出用局部性约束条件替代稀疏性约束条件，即除了提高计算效率之外，基于特征编码的 LLC 方法被广泛应用在图像分类中。

在 LLC 方法中，Max Pooling 算法被用来融合编码响应，其思想是只保留最强的响应。局部描述子在对应码字的响应强度表示码字与局部特征的近似度（或称为显著度）。如果某个码字与某个局部特征非常相近，此局部特征在这个码字上的响应就远大于与其他码字对应的响应，也就意味着这个码字可以较好地描述此特征。另外，如果这个码字对应的响应并不远大于与其他码字对应的响应，此时还只保留最强的响应，将不可避免地导致判别信息的损失。基于以上观点，Huang 提出了显著性编码方法，此方法用相对近似度替代绝对近似度，应用在 LLC 的实现框架中，以进一步提高此方法在图像分类中的性能。这个相对相似度（或称之为局部特征）在每个码字上的响应由下式计算：

$$\varphi(y) = \sum_{j=2}^{M} (\|y - \tilde{c_j}\|_2 - \|y - \tilde{c_1}\|_2) / \|y - \tilde{c_j}\|_2 。 \tag{3-4}$$

式中，$\varphi(y)$ 表示局部特征 y 在码本中的 M 个近邻码字，LLC 编码的流程如图 3-1 所示（见书末彩插）。

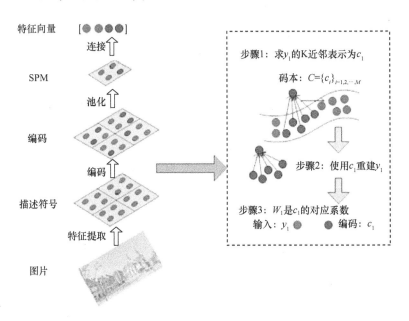

图 3-1 LLC 编码流程

3.2.4 码本学习方法

码本在特征编码方法中往往起着重要的作用，在 K-SVD 方法中就涉及码本学习的方法，其目的是学习一个具有判别信息码本的同时编码每个特征。K-SVD 方法可以看作一种稀疏表示形式：

$$(C, W) = \arg\min \|Y - CW\|_2^2, \text{ s. t. } \forall i, \|w_i\|_0 \leqslant T 。 \tag{3-5}$$

式中，T 表示预先学习的稀疏度。K-SVD 方法也可被看作广义的 K-means 聚类算法，用来解最优化问题。此外，在 K-SVD 方法的基础上，LC-KSVD[2]

提出把类标信息增加到码本学习中，以便学习到的码本能使来自同一类的局部特征获得相似的响应系数，而来自不同类的特征获得的响应系数具有很大不同。

3.3　特征编码和类码本学习

经典的图像特征编码方法进行编码时不可避免地会造成信息的丢失，并且无法将图像的类信息融入进来。为了更有效地保存特征的类别信息，本章介绍了结合显著性编码及指定类码本学习的方法，以生成更具有判别信息的类显著性特征，用来提高本章方法在图像分类中的性能。传统的类码本学习方法通过单独生成每一类的码本，然后把这些码本串联或融合成一个整体的码本。与传统类码本学习方法不同，本章利用学习到的每类码本计算对应类码本的类显著性特征，接着把获得的显著性特征应用在 LLC 编码框架中，以构造图像内容的表示。与 LLC 方法相比，本章方法包含了两个部分：①通过 K-means 或 K-SVD 聚类算法生成指定类码本；②通过指定类码本生成指定类的显著性特征，此类显著性特征向量的维数与类的数目一致。

从训练样本中提取 N 个局部特征，这些训练样本总共有 L 类。$Y^l = (y_1^l, y_2^l, \cdots, y_{N_l}^l)$ 表示从 l 类训练样本中提取的 N_l 局部描述子，其中，$l = 1, 2, \cdots, L$。在每个 Y 上，利用标准的 K-means 或 K-SVD 聚类算法生成 L 个指定类码本，由 $C^l = (c_1^l, c_2^l, \cdots, c_M^l) \in \mathbf{R}^{D \times M}$，$l = 1, 2, \cdots, L$，$y$ 表示来自一幅图像中的一个局部特征。

利用得到的每类码本来计算 L 维的显著性特征，即为 $\phi(y) = (\varphi^1(y), \varphi^2(y), \cdots, \varphi^L(y))^T$，此显著性特征的每个项是由局部特征 y 在指定类码本的显著性强度表示的。通过显著性编码方法得到每个局部特征的显著性强度，如下式表示：

$$\varphi^l(y) = \sum_{j=2}^{M} (\|y - \tilde{c}_j^l\|_2 - \|y - \tilde{c}_1^l\|_2) / \|y - \tilde{c}_j^l\|_2 。 \quad (3-6)$$

式中，M 表示参与显著性计算的近邻码字的数目，而 $(\tilde{c}_1^l, \tilde{c}_2^l, \cdots, \tilde{c}_M^l)$ 表示 y 在类码本 C 中的 M 个近邻码字。为求数值的稳定性，显著特征向量的元素均归一化到 [0, 1]。之后，把计算的每类显著性特征输入 LLC 编码框架中，以生成最终的图像表示，归纳为算法 3-1。

算法 3-1　类显著性特征

Require：$\{y_i\}_1^N$ 表示一组 SIFT 特征，$C^l = (c_1^l, c_2^l, \cdots, c_M^l)$，$l = 1$，$2$，$\cdots$，$L$ 是指定类别码本.

Require：指定类别的显著性特征表示为 $\Phi(y)$

　for $i \leftarrow 1$；$i \ll N$；$i \leftarrow i++$**do**

　　for$l \leftarrow 1$：$i \ll L$；$i++$**do**

　　　print 通过公式（3-6）计算 $\Psi(y_i)$

　　end for

　　print　通过公式 $\Phi(y) = (\Psi^1(y), \Psi^2(y), \cdots, \Psi^L(y))^{\mathrm{T}}$ 计算获得数据集中指定类别显著性

　end for

　　本章把此方法称之为指定类别显著性编码方法（CSSC），以区别于显著性编码方法。虽然此方法原理简单、实现容易，但是在图像分类中，与当前的方法相比较，本书的方法（如 LC-KSVD）能获得更好的实验结果。此外，为了弥补在显著性编码中损失的信息，本书串联了 CSSC 方法得到的图像表示及传统的 LLC 方法得到的图像表示，最终生成了包含更多信息的图像表示，称之为 CSSC+，用来进行图像分类。

　　在实际应用中，本书首先利用 LLC 方法对初始的局部特征 $Y = (y_1, y_2, \cdots, y_N)$ 进行编码，得到对应的编码系数 $W = (w_1, w_2, \cdots, w_N)$，利用 Max Pooling 算法得到在初始局部特征上的图像表示，称之为：

$$r_I^o = \max\{w_1, w_2, \cdots, w_N\}, \tag{3-7}$$

然后利用 Max Pooling 算法对得到的类显著性特征向量对应的响应系数 $\{v_i\}$ 池化，以生成类显著图像表示，称之为：

$$r_I^h = \max\{v_1, v_2, \cdots, v_N\}, \tag{3-8}$$

之后串联上述两种图像表示以得到最终的图像表示，即 $r_I = r_I^o + r_I^h$。除此之外，本书把 3 层的空间金字塔方法对每个区域的图像表示进行池化，以级联 21 个区域的图像表示。最后把计算基于每类的显著性特征图像表示 r_I^h 及最终的图像表示 r_I 输入到 SVM 分类器中以实现图像分类。对本书方法得到的两种图像表示 r_I^o 和 r_I 进行分析，最大的不同是 r_I^o 图像表示是从初始局部特征（y_i）编码得到的，而 r_I^h 图像表示是从类显著性特征 $\Phi(y)$ 编码获得的，

因而本书提出的图像分类算法在解决图像分类任务中更有效。图 3-2 说明了显著性编码的流程。

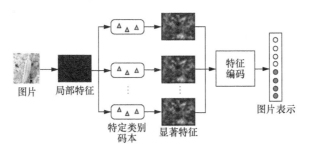

图 3-2 类码本显著性编码

3.4 基于特征编码及类码本学习的实验结果

为了估计 CSSC 和 CSSC+方法在图像分类中的性能，本书在 3 个公共数据集上开展了实验，这 3 个数据集分别是 Caltech101、Scene15、UIUC8，并且在实验中对本书的方法（CSSC 和 CSSC+）与当前的方法（如 LLC、LDC、K-SVD、LC-KSVD）进行了对比。以上提到的数据集被广泛应用在图像分类中，其中，Caltech101 用来进行目标分类，Scene15 和 UIUC8 用于场景分类。以下所有的实验都是在实验室工作站上进行的，工作站型号与配置分别为 Dell T7610 和 32 GB 内存。

在实验中，本书采用传统的方法提取 SIFT 特征。这些 SIFT 特征从 16×16图像网格中提取，在图像中每隔 4 个像素构成一个网格。在同样的分辨率条件下，所有图像的大小均被裁剪为不超过 300 像素×300 像素的尺寸，并且每幅图像扩展为 3 层金字塔子图像，即 4×4、2×2、1×1，用于特征编码。为了公平比较 CSSC、LLC、K-SVD、LC-KSVD 等方法，在特征编码中采用同样的计算流程。例如，给定一幅图像，空间金字塔中的每个子区域的局部特征通过预先学习好的码本进行量化，利用 Max Pooling 算法对每个局部特征对应的响应进行池化，用来构成池化之后的特征，接着串联不同金字塔尺度空间下各个子区域池化后的特征，以生成最终的图像表示。按照 LC-KSVD 方案，对得到的图像表示向量的维数通过 PCA 降维的方法

降到 3000 维。

在本章的 CSSC 和 CSSC+方案中，类显著性特征首先是由每个类码本计算得到的，类码本的大小为 K_c（第 c 类的码本个数），按照公式（3-6），码本 M 近邻的数目设定为 5。这时，对于全局码本 K 的大小，通常是采用标准的 K-means 聚类算法，对训练样本中的类显著性特征进行聚类得到。之后，类显著性特征和全局码本作为传统编码方法的输入，以构造每幅图像的表示向量，最后利用线性 SVM 分类器（Liblinear）对每幅图像进行分类。其中，LLC、K-SVD、LC-KSVD 的 MATLAB 代码从对应的作者网页中下载得到。为了公平地实验，本章不改变上述方法设定的参数。但是，对于 LC-KSVD 方法中的两个参数 α 和 β 分别取自{0.001, 0.002, …, 0.01}，并应用交叉验证方法进行实验，选择两个参数的最优值。

3.4.1 Caltech101 实验结果分析

Caltech101 数据集包含 9144 幅图片，隶属于 101 个目标类，如车辆、动物、建筑物、花等，以及一个背景类。每一类图片的数目在 31～800 幅，大小各不相同。随机选取每类 p 幅图片作为训练样本，除了训练样本之外，每类剩下的图片作为测试样本。同其他方法在实验中的设置一样，训练样本数目 p 的值分别为 5、10、15、20、25、30 幅。首先估计本章提出的 CSSC 和 CSSC+两种方法在相对较大的码本数目下的实验性能，每个类码本 K_c 的大小被设置为 1024，全局码本 K 数目为 2048，以上实验参数的设置均参照当前主流的算法。表 3-1 比较了 CSSC 和 CSSC+与其他方法的实验结果，实验中的精度表示平均概率精度，随机选择训练样本重复 10 次测试得到。需要注意的一点是，本书公布的其他方法的实验结果均引用相关参考文献。

表 3-1　Caltech101 数据集上平均精度对比

方法	5 幅	10 幅	15 幅	20 幅	25 幅	30 幅
Zhang	46.6%	55.8%	59.1%	62.0%	—	66.20%
Lazebnik	—	—	56.40%	—	—	64.60%
Griffin	44.2%	54.5%	59.0%	63.3%	65.8%	67.60%
Boiman	—	—	65.00%	—	—	70.40%

续表

方法	5 幅	10 幅	15 幅	20 幅	25 幅	30 幅
Jain	—	—	61.00%	—	—	69.10%
Gemert	—	—	—	—	—	64.16%
Yang	—	—	67.00%	—	—	73.20%
LLC	51.15%	59.77%	65.43%	67.74%	70.16%	73.44%
LDC	—	—	—	—	—	74.6%±0.5%
K-SVD	49.8%	59.8%	65.2%	68.7%	71.0%	73.2%
LC-LSVD	54.0%	63.1%	67.7%	70.5%	72.3%	73.6%
Law	—	—	—	—	—	78.5%±0.5%
GSC	—	—	—	—	—	73.4%±1.2%
DBP	—	—	—	—	—	73.6%
CSSC	50.6%±1.0%	63.0%±0.5%	67.9%±0.3%	71.1%±0.4%	73.3%±0.6%	75.5%±1.0%
CSSC+	53.0%±0.5%	66.2%±0.3%	70.8%±0.6%	73.5%±0.6%	76.1%±0.8%	79.8%±1.0%

从实验结果对比来看，本书的 CSSC 方法可以取得更好的实验结果，此外，本书的 CSSC+方法在多个数据集中与当前方法相比，可以取得更好的实验结果。在 Caltech101 数据集中，每类图像训练样本数目为 30 幅，本书 CSSC+方法的图像分类精度可以达到 79.8%，与当前图像分类方法 [GSC[71]和字典池化（DBP）[109]] 相比，实验精度更高。为了与本书提出的指定类显著性编码方法相比较（CSSC），表 3-1 给出了对比的实验结果。从表 3-1 的实验结果分析，本书的方法明显好于 GSC 和 DBP 方法。

为了进一步让本书的方法（CSSC 和 CSSC+）与当前方法（LLC、K-SVD、LC-KSVD）相比较，应用同样的特征编码流程来生成图像的表示向量。在比较上述 4 种方法的时候，本书分别取不同的码本数目，来对比上述方法的实验精度。在训练样本 p 设置为 30 幅，全局码本的数目分别设置为 128、256、512、1024，表 3-2 给出了对比实验精度。注意，对于本书的 CSSC+方法，每类码本的数目设定为与全局码本数目一样。在本章的实验表格中，同样列出了 LC-KSVD 的实验结果，并用 * 指示符表示利用了 LC-

KSVD 方法的作者提供的编码向量。可以看到,对于大的码本(数目为 1024),CSSC+方法明显好于 LC-KSVD 方法,在码本数目小的情况下,本章 CSSC+方法稍微好于 LC-KSVD 方法。除此之外,对于 LC-KSVD 方法,在作者提供的表示向量与经过特征编码流程生成的向量之间,实验结果没有明显的差距。

表 3-2   Caltech101 数据集上不同码本数目下实验结果对比

码本数目	128	256	512	1024
LLC	63.2%±0.8%	66.5%±1.0%	70.1%±0.9%	71.8%±0.7%
K-SVD	62.6%±0.3%	66.8%±0.5%	68.1%±0.7%	70.7%±0.4%
LC-KSVD	63.5%±0.4%	71.0%±0.9%	71.2%±0.6%	73.1%±1.0%
LC-KSVD *	61.0%±0.9%	70.6%±0.5%	72.3%±0.6%	73.8%±0.4%
CSSC	63.3%±0.3%	68.1%±0.6%	70.8%±0.5%	72.9%±0.8%
CSSC+	65.2%±0.7%	69.6%±0.4%	73.0%±0.8%	77.3%±0.6%

本章同样比较了 CSSC、CSSC+和 LC-KSVD 方法在码本学习和图像分类中的时间计算复杂度。在每类 30 幅训练样本的情况下,表 3-3 给出了码本学习和图像分类的平均运行时间。由于 CSSC 和 CSSC+方法需要学习 102 个类码本,从表 3-3 可以看到,CSSC 和 CSSC+方法与 LC-KSVD 方法相比,在码本生成中均需要更多的学习时间。为了更清晰地给出图像分类结果,图 3-3 给出了 CSSC+方法在 Caltech101 数据集上图像分类的混淆矩阵,其中,红色表示(高)图像分类精度,蓝色表示(低)图像分类精度(见书末彩插)。

表 3-3   生成码本时间对比   单位:s

码本数目	128	256	512	1024
LC-KSVD	297	436	522	808
CSSC	674	952	1321	2108
CSSC+	1183	1351	1968	2735

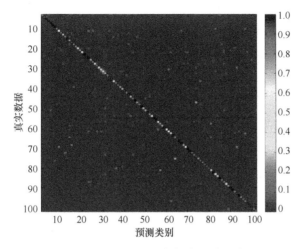

图 3-3　Caltech101 数据集混淆矩阵

3.4.2　Scene15 和 UIUC8 实验结果

Scene15 数据集含有 4485 幅图片，总共有 15 个场景类，如海滩、办公室等。每一类图片的数目在 200~400 幅，大小均为 300 像素×250 像素。UI-UC8 数据集含有 1579 幅图片，对应着 8 个体育场景类，分别为羽毛球、地掷球、门球、马球、攀岩、划船、帆船、滑板滑雪，每个体育场景类图片的数目在 137~250 幅。按照实验要求，本书从 Scene15 数据集中每类随机选取 100 幅图片作为训练样本，每类剩余的图片作为测试样本，同样从 UIUC8 数据集中每类随机选取 70 幅图片作为训练样本，每类剩余的图片作为测试样本。

表 3-4 给出了在 Scene15 和 UIUC8 数据集下，本书方法（CSSC 和 CSSC+）与其他方法的实验对比结果，表中给出的精度均是在随机选择训练样本重复10 次实验之后得到的平均精度，在 CSSC 和 CSSC+方法中，全局码本的数目和局部码本的数目分别设置为 2048 和 1024。注意，除了 K-SVD 和 LC-KSVD方法之外，其他方法的图像分类精度均引用相关的参考文献。在 Scene15 数据集上，表中给出的 LC-KSVD 方法的图像分类精度是 92.9%，参照参考文献，在特征编码过程中，其采用的是 4 层空间金字塔特征。由于其他多数方法采用的均是 3 层空间金字塔特征，所以为了公平比较，在同样的特征编码

流程中，本书给出的 K-SVD、LC-KSVD 方法的实验结果均是采用了 3 层空间金字塔特征。表 3-4 同样列出了其他算法在 Scene15 数据集上的实验精度，由 * 标记，表示这个实验精度采用了 4 层空间金字塔特征。

表 3-4　Scene15 和 UIUC8 数据集上平均精度对比

方法	Scene 15	UIUC8
Yang	80.28%±0.93%	—
Laplacian Sparse Coding	—	82.74%±1.46%
Hard-assignment Coding	80.1%±0.60%	—
Soft-assignment Coding	81.4%±0.60%	—
LLC（SIFT）	79.81%±0.35%	81.77%±1.51%
LSA（SIFT）	80.12%±0.60%	82.79%±1.01%
LDC（Combine）	82.50%±0.47%	—
KSVD	74.82%±0.63%（86.7%*）	84.21%±0.60%
LC-KSVD	76.14%±0.52%（92.9%*）	85.24%±0.70%
Law	83.0%±0.5%	—
GSC	83.2%±0.4%	—
CSSC	81.70%±0.72%	84.17%±0.92%
CSSC+	86.01%±0.50%	88.66%±0.50%

在 Scene15 和 UIUC8 数据集上，在不同码本数目下，利用同样的特征编码流程，表 3-5 和表 3-6 分别给出了 CSSC+与 LLC、K-SVD、LC-KSVD 的对比结果。从表 3-4、表 3-5 和表 3-6 中可以看到，在 Scene15 和 UIUC8 数据集上，本书的 CSSC 方法并不是最好的，但是本书的 CSSC+方法明显好于其他方法。为了更清晰明了地看到图像分类结果，图 3-4 和图 3-5 分别给出了 CSSC+方法在 Scene15 和 UIUC8 数据集上的图像分类结果混淆矩阵图。

表 3-5　Scene15 数据集上不同码本数目下实验结果对比

码本数目	128	256	512	1024
LLC	75.3%±0.6%	78.6%±0.8%	80.3%±0.6%	81.1%±0.5%
K-SVD	71.0%±0.7%	72.7%±0.8%	73.1%±0.6%	74.8%±0.3%
LC-KSVD	72.7%±0.3%	73.4%±0.6%	75.2%±0.8%	76.1%±0.5%
CSSC	75.1%±0.5%	78.9%±0.7%	81.4%±0.4%	83.3%±0.9%
CSSC+	75.9%±0.8%	79.7%±0.6%	82.9%±0.7%	86.0%±0.7%

表 3-6　UIUC8 数据集上不同码本数目下实验结果对比

码本数目	128	256	512	1024
LLC	80.3%±0.8%	81.5%±0.7%	83.7%±1.1%	84.3%±0.4%
K-SVD	79.8%±0.3%	81.2%±0.7%	82.8%±0.4%	84.2%±0.6%
LC-KSVD	81.7%±0.5%	83.1%±0.9%	84.1%±0.6%	85.2%±0.8%
CSSC	80.2%±0.3%	81.9%±0.6%	84.7%±0.8%	85.6%±1.0%
CSSC+	80.5%±0.9%	84.0%±0.8%	86.4%±1.0%	88.3%±0.5%

	CAL郊区	MIT海岸	MIT森林	MIT公路	MIT城市	MIT山	MIT野外	MIT街道	MIT高建筑	PAR办公室	卧室	工厂	厨房	客厅	仓库
CAL郊区	0.99	0.00	0.00	0.00	0.00	0.00	0.00	0.00	0.00	0.00	0.00	0.00	0.00	0.01	0.00
MIT海岸	0.00	0.88	0.01	0.01	0.00	0.01	0.10	0.00	0.00	0.00	0.00	0.00	0.00	0.00	0.00
MIT森林	0.00	0.00	0.98	0.00	0.00	0.01	0.00	0.00	0.00	0.00	0.00	0.00	0.00	0.00	0.00
MIT公路	0.00	0.02	0.01	0.93	0.03	0.00	0.01	0.00	0.00	0.00	0.00	0.01	0.00	0.00	0.00
MIT城市	0.01	0.00	0.00	0.00	0.93	0.00	0.00	0.01	0.01	0.00	0.00	0.00	0.00	0.00	0.00
MIT山	0.00	0.01	0.04	0.00	0.00	0.89	0.05	0.01	0.00	0.00	0.00	0.00	0.00	0.00	0.00
MIT野外	0.00	0.10	0.06	0.02	0.00	0.03	0.76	0.02	0.00	0.00	0.00	0.00	0.00	0.00	0.00
MIT街道	0.00	0.00	0.01	0.00	0.04	0.01	0.00	0.92	0.02	0.00	0.00	0.01	0.00	0.00	0.01
MIT高建筑	0.00	0.00	0.00	0.00	0.02	0.00	0.00	0.00	0.95	0.00	0.00	0.00	0.00	0.00	0.02
PAR办公室	0.00	0.00	0.00	0.00	0.01	0.00	0.00	0.00	0.00	0.97	0.00	0.00	0.02	0.00	0.00
卧室	0.01	0.00	0.00	0.00	0.00	0.00	0.00	0.00	0.00	0.03	0.79	0.00	0.03	0.10	0.03
工厂	0.00	0.01	0.00	0.00	0.02	0.01	0.00	0.01	0.07	0.00	0.01	0.66	0.01	0.02	0.14
厨房	0.00	0.00	0.00	0.00	0.00	0.00	0.00	0.00	0.00	0.07	0.00	0.00	0.81	0.04	0.07
客厅	0.00	0.00	0.00	0.00	0.00	0.01	0.00	0.01	0.00	0.05	0.08	0.01	0.05	0.72	0.06
仓库	0.00	0.00	0.02	0.00	0.06	0.00	0.00	0.01	0.01	0.00	0.01	0.00	0.03	0.01	0.83

图 3-4　Scene15 数据集混淆矩阵

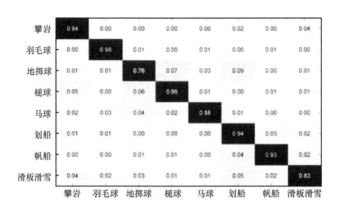

图 3-5 UIUC8 数据集混淆矩阵

3.4.3 实验分析和讨论

从上述的实验结果来看，单纯的 CSSC 方法的实验精度并不明显好于当前其他的方法，如 K-SVD、LC-KSVD。但是，与 LLC 方法结合之后，CSSC+ 方法获得的实验精度明显优于 K-SVD、LC-KSVD。核心原因在于 CSSC 方法获得的类显著性特征是从指定类码本中计算得到的，在一定程度上可以弥补 LLC 方法在编码过程中损失的信息。为了证明上述原因，本章计算了 CSSC 获得的特征与 LLC 获得的特征在 Scene15 和 UIUC8 数据集上的互相关系数。表 3-7 和表 3-8 分别展示了在 Scene15 和 UIUC8 数据集上 CSSC 表示向量与 LLC 表示向量平均相关系数。从表中数值可以看到，两者的相关系数非常小，意味着 CSSC 表示向量与 LLC 表示向量的冗余信息非常低。

表 3-7 Scene15 数据集上 CSSC 和 LLC 表示向量平均相关系数

类别	平均相关系数	类别	平均相关系数	类别	平均相关系数
郊区	0.16	山	0.16	卧室	0.15
海岸	0.14	野外	0.17	工厂	0.15
森林	0.15	街道	0.11	厨房	0.15
公路	0.16	高建筑	0.15	客厅	0.17
城市	0.15	办公室	0.13	商店	0.14

表 3-8 UIUC8 数据集上 CSSC 和 LLC 表示向量平均相关系数

类别	平均相关系数	类别	平均相关系数
攀岩	0.15	马球	0.16
羽毛球	0.15	划船	0.15
地掷球	0.17	帆船	0.13
槌球	0.16	滑板滑雪	0.13

3.5 总 结

　　本章提出了一种用于图像分类的特征编码方法，其采用了指定类码本的显著性编码方法，每类码本都是由每类的训练样本分别学习得到的。不同于传统的串联或把每类码本融合成一个全局码本，利用每类码本去计算一种指定类的显著性特征，并把这个显著性特征编码成一个图像表示向量。与当前的方法相比较（如 LC-KSVD），本章方法中码本生成和特征编码容易实现，不涉及复杂的优化算法。与当前的其他方法相比，本章方法可以获得更好的结果。与当前的其他图像分类方法对比，本章给出了深入的实验结果分析。

第四章 显著性目标计算

4.1 引 言

   显著性目标计算的核心思想是利用算法模仿人眼视觉显著性功能，目的是检测图像中吸引人视觉系统的感兴趣区域。自底向上模型和自顶向下模型是视觉显著性目标模型中两种主要的机制，其广泛应用在计算机视觉、神经生物学、认知科学等领域。显著性目标模型有助于人们在真实场景中快速确定目标的位置，然而在图像中精确计算显著性目标的区域仍是一个很大的挑战，特别是在复杂背景场景中，定位显著性目标的位置尤其困难。众所周知，自底向上模型是基于图像底层特征（如强度、方向、颜色）的视觉刺激显著性模型，而自顶向下模型是基于目标任务的显著性模型。由于自底向上模型是视觉刺激性显著机制，因而不能获得指定目标显著的任务（如目标检测或定位）。在实际应用中，需要在真实场景中获得显著性目标的位置，特别是显著性目标在复杂背景中的位置，针对此问题，本章利用自顶向下模型学习目标的先验知识以定位显著性目标区域。传统的自顶向下模型在显著性目标检测中已广为人知，如 Einhäuser 等[83] 提出了自顶向下显著性预测算子相比于自底向上模型可以得到更好的目标显著性效果。Yang 等[27] 提出了一种新的自顶向下模型，其通过联合条件随机场（CRF）和稀疏编码（SC）的方法来学习指定目标的判别性码本，以实现显著性目标检测。Elazary 等[84] 提出显著性目标的区域为图像中感兴趣的区域。Boiman 等[85] 从人类的视觉机制观察，高层特征（如人脸、车辆、人等）包含更多的先验知识，有利于对显著性目标进行观察。Kocak 等[28] 通过超像素来学习判别性码本，以计算目标的自顶向下显著性。

   在上述目标显著性计算方法基础上，本章提出了一种新的显著性目标检测方法，即将局部约束线性编码（LLC）与条件随机场（CRF）相结合，以优化指定目标的码本来计算显著性目标模型。LLC 方法是改进了局部坐标编码（LCC）方法，由 LCC 可知，在编码的过程中，"局部性"比"稀疏性"更有效，除此之外，LLC 理论上指出 L2 范数具有解析解，因而可以实现快速计算。本章方法的核心不同于 Yang 等[27] 和 Kocak 等[28] 提出的方法，本章把通过 LLC 方法得到的局部特征对应的响应向量作为 CRF 的隐变量，并通过 CRF 优化码本以获得更好的目标显著性映射图。目前，在显著性目标检测中，经常采用的局部特征是 SIFT，主要是由于其特征具有尺度、旋转不变等特性且包含更多的图像信息。在本章实验中，同样采用 SIFT 特征作为初始的输入特征，并且每个 SIFT 特征都对应着一个二进制标签（1 或 0），如果是目标上的 SIFT 特征则为 1，否则为 0。在本章显著性目标模型中，将LLC 得到的响应向量替代 CRF 模型中的隐变量，并通过 CRF 模型来优化编码中的初始码本。

4.2　显著性计算方法

最近几年，显著性目标计算可以归纳为两种主流方法，即自底向上和自顶向下。在自底向上模型中，Itti 的方法是基于底层特征最经典的显著性目标检测方法。但是自底向上模型是视觉刺激机制，缺少目标先验知识，不能有效地在复杂场景中定位显著性目标的区域。自顶向下模型是任务导向性的视觉机制，能够有效地在真实场景中定位指定目标出现的区域。基于上述分析，本章主要讨论基于特征编码方法的自顶向下模型。

4.2.1　自顶向下显著性方法

从对当前的研究分析，自底向上模型最主要的缺陷是缺少目标的先验知识，当背景高度复杂时，往往会丢失目标的位置区域。与其不同，自顶向下模型考虑了目标先验知识并结合了高层特征，可以更有效地实现在复杂场景中的指定显著性目标计算。Gao 等[48] 通过预先学习的滤波器选择显著性的特征用于计算自顶向下显著性目标映射图，这些显著性特征在训练样本中通过是否包含目标来区分开。Kanan 等[46] 提出了显著性估计（Saliency Using

Natural statistics, SUN）模型通过从自然图像中学习带有自信息的视觉特征并利用支持向量机（SVM）来实现显著性目标计算。在 SUN 方法中，自顶向下模型是由目标位置和外观成分的先验知识构造的。Yang 等[27]提出了把监督性的码本学习方法与 CRF 模型相结合，以生成显著性目标映射图。Kocak 等[28]提出了基于超像素特征并联合 CRF 模型和判别性码本学习方法，以计算目标的显著性。在本章的显著性目标模型中，利用尺度不变特征转换（SIFT）特征学习指定目标的码本，并在训练样本中通过 CRF 模型优化这个码本，如图 4-1 所示（见书末彩插）。

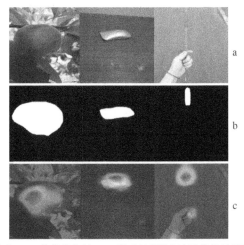

a：原始输入；b：前背景分割；c：通过显著性方法计算的显著性目标映射

图 4-1 显著性目标

4.2.2 特征编码方法

由于图像信息具有噪声多、冗余性大等问题，对图像的编码显得尤为重要。在稀疏编码的图像分类方法基础上，提出了最初的矢量量化编码方法，其核心思想是每个局部特征由对应的最近邻码字量化编码，并且这个量化响应向量只有一个非零元素。由于矢量量化方法只是用最近邻码字编码局部特征，因而不能有效地反映对应特征的信息。为了解决这个问题，早期的研究人员提出了利用稀疏编码的方法替代矢量量化的方法，用于量化每个局部特征。但是，稀疏编码方法需要高的计算量实现最优化求解。在这个基础上，

LLC 方法提出用"局部性"替代"稀疏性"来约束量化的特征，更为重要的是，LLC 方法可以大大降低计算量。此外，在目前的码本学习方法中，有一些是基于任务的监督学习码本方法，Mairal 等[88]提出的方法适合多任务学习。Mairal 等[89]提出结合分类损失函数和稀疏编码的方法来实现监督码本的学习。Yang 等[90]通过转移不变算法学习一种新的监督学习码本的方法用于图像分类。Yang 等[27]提出联合稀疏编码与 CRF 模型实现监督学习码本功能，用稀疏编码响应向量作为 CRF 模型的隐变量，同时，利用学到的 CRF 模型优化码本。

4.2.3　CRF 模型

Shotton 等[91-92]利用 CRF 模型结合底层特征和预先学习的高层特征，用于图像理解、目标分割和定位。Lafferty 等[93]利用 CRF 模型学习推断函数并结合图割（Graph Cut）的方法用于指定目标识别。目前，Quattoni 等[94]、Wang 等[95]利用隐（含有隐变量）CRF 模型学习无法观察的含有部分类标的局部特征。而在本章模型中，利用 LLC 响应向量作为 CRF 模型的隐变量，并用学到的 CRF 模型优化指定目标的码本，以用于显著性目标检测。

4.3　基于局部性编码和 CRF 模型的显著性目标计算方法

首先定义 $X=(x_1, x_2, \cdots, x_N) \in \mathbf{R}^{D \times N}$ 作为一组局部描述子，每个描述子 D 维，从每幅图像不同的位置中提取，$Y=(y_1, y_2, \cdots, y_N) \in \mathbf{R}^{1 \times N}$ 表示每个描述子对应的类标含有目标是否出现的信息，y 是二进制值，$y=1$ 表示来自目标上的局部特征，$y=-1$ 则表示来自背景中的局部特征。

4.3.1　编码

在本节中，$C=[c_1, c_2, \cdots, c_M] \in \mathbf{R}^{D \times M}$ 表示一个码本包含 M 个码字，通常码本是通过 K-means 聚类算法实现的，以用于对局部特征编码中。此

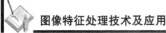

外，本节引入了一组变量 $w \in \mathbf{R}^M$ 来表示每个局部特征在码本中编码的响应向量，并作为 CRF 模型的隐变量。特别指明，LLC 编码响应向量由下式计算：

$$w = \arg\min_w \parallel x - Cw \parallel_2^2 + \lambda \sum_{j=1}^{M} \left[w(j) \, \exp\left(\frac{\parallel x - c_j \parallel_2}{\sigma} \right) \right]^2, \text{ s. t. } \sum_{j=1}^{M} w(j) = 1 。$$

$$(4-1)$$

式中，$w(j)$ 表示 w 的第 j 个元素，表示规则化约束参数，用于权衡约束条件；σ 则表示权值衰减速度，用于控制约束性的程度。局部特征 x 由码本 C 重构，其对应的响应向量是 w，且 $X_i = Cw_i$，$i = 1, 2, \cdots, N$；w 表示 CRF 模型的隐变量。完成稀疏编码的方法通常需要术解稀疏优化的问题。特别指明，稀疏编码的计算复杂度是 $O(M \times K)$，K 表示非零元素的数目。而在 LLC 编码方法中，最优化求解的问题可以转换成下式来解决：

$$\widehat{w_i} = \left\{ \boldsymbol{Q}_i + \lambda \, \mathrm{diag}\left[\exp\left(\frac{\parallel x - c_i \parallel_2}{\sigma} \right) \right] \right\} , \qquad (4-2)$$

$$\boldsymbol{w}_i = \widehat{w_i} / \boldsymbol{1}^{\mathrm{T}} \, \widehat{w_i} 。 \qquad (4-3)$$

式中，$\boldsymbol{Q}_i = (\boldsymbol{C} - \boldsymbol{x}_i \boldsymbol{1}^{\mathrm{T}})(\boldsymbol{C} - \boldsymbol{x}_i \boldsymbol{1}^{\mathrm{T}})^{\mathrm{T}}$ 表示数据协方差矩阵，此外，LLC 方法发现求解公式（4-1）的问题实际上等同于选择几个码字来构造局部坐标系统。基于以上的分析，LLC 编码过程可以实现稀疏优化问题的快速求解。在实践中，我们用局部特征 x_i 在码本中的 K 近邻个码字来量化计算复杂度：

$$\widehat{W} = \arg\min_{\widehat{W}} \sum_{i=1}^{N} \parallel x_i - \widehat{w_i} C_i \parallel_2, \text{ s. t. } \forall i, \boldsymbol{1}^{\mathrm{T}} \widehat{w_i} = 1 。 \qquad (4-4)$$

式中，$\widehat{W} = [\widehat{w_1}, \widehat{w_2}, \cdots, \widehat{w_N}]$ 可以从 $O(M)$ 降到 $O(M + K)$，而我们可以利用 LLC 编码思想实现稀疏快速计算，以学习显著性目标模型。

4.3.2　学习显著性目标模型

参照 Yang 等[27] 和 Kocak 等[28] 的方法，基于局部特征之间的空间关系，本章同样在局部特征对应的响应向量上构造了 4-连接图模型 $\Gamma = \langle \nu, \varepsilon \rangle$，在这里，$\nu$ 和 ε 分别表示节点（编码后的响应向量）和边缘（编码后的响应向量之间的依赖关系）。在本节研究中，与 Yang 等[27] 和 Kocak 等[28] 的模型相似，把 CRF 模型中的条件分布和势函数考虑进来，如下式：

$$P(Y \mid W, \boldsymbol{\alpha}) = \frac{1}{Z}\,e^{-E(W, Y, \boldsymbol{\alpha})} 。 \tag{4-5}$$

式中，$E(W, Y, \boldsymbol{\alpha})$ 表示势函数，Z 表示划分函数，参数 $\boldsymbol{\alpha}$ 表示 CRF 模型的权值向量。本章可以利用公式（4-1）和公式（4-2）并依照 CRF 模型来学习指定目标的监督性码本；同时，对应的响应向量 w 可被看作 CRF 模型的隐变量。一个特定节点 $i \in \nu$ 的边缘概率分布可以看作目标信息的响应，如下式：

$$P(y_i \mid w_i, \boldsymbol{\alpha}) = \sum_{y \aleph(i)} P(y_i, y \aleph(i) \mid w_i, \boldsymbol{\alpha}) 。 \tag{4-6}$$

式中，$\aleph(i)$ 表示节点 i 在图 Γ 中的近邻节点，因而，局部特征 i 的显著性值可由下式定义：

$$u(w_i, \boldsymbol{\alpha}) = P(y_i = 1 \mid w_i, \boldsymbol{\alpha}) 。 \tag{4-7}$$

式中，$U(W, \boldsymbol{\alpha}) = \{u_1, u_2, \cdots, u_N\}$ 表示每个局部特征对应的显著性目标映射图，因此，一幅测试图像 $X = \{x_1, x_2, \cdots, x_N\}$ 的显著性值可通过公式（4-6）与公式（4-7）计算，在训练阶段，利用最大边缘的方法来学习指定目标的码本 C 和 CRF 模型的权值向量。不同于 Yang 等[27] 和 Kocak 等[28] 的方法，本章用 LLC 编码响应向量替代稀疏编码响应向量作为 CRF 模型的隐变量，从而大大节省计算时间。在训练阶段中，需要一组训练样本图像 $X = \{X^{(1)}, X^{(2)}, \cdots, X^{(n)}\}$ 和其对应的真实标记样本 $Y = \{Y^{(1)}, Y^{(2)}, \cdots, Y^{(n)}\}$。从而，可以通过求解下式来获得最优的指定目标码本 C 和 CRF 模型权值向量 $\widehat{\boldsymbol{\alpha}}$：

$$(\widehat{C}, \widehat{\boldsymbol{\alpha}}) = \arg \max_{C, \alpha} \prod_{j=1}^{n} P(Y^{(j)} \mid X^{(j)}, C, \boldsymbol{\alpha})， \tag{4-8}$$

上式的目的是通过求解公式（4-8）的极大值来获得最优的参数 $\boldsymbol{\alpha}$ 和 C，因而，对所有的 $Y \neq Y^{(j)}$，$j=1, 2, \cdots, n$，满足下式：

$$P(Y^{(j)} \mid W(X^{(j)}, C), \boldsymbol{\alpha}) \geqslant P(Y \mid W(X^{(j)}, C), \boldsymbol{\alpha})， \tag{4-9}$$

将公式（4-5）代入公式（4-9），能获得如下表达式：

$$E(Y^{(j)}, W^{(j)}, \boldsymbol{\alpha}) \leqslant E(Y, W^{(j)}, \boldsymbol{\alpha})， \tag{4-10}$$

参照切割面算法，通过求解下式来获得估计标签：

$$\widehat{Y}^{(j)} = \arg \min_Y E(Y, W^{(j)}, \boldsymbol{\alpha}) 。 \tag{4-11}$$

因此，通过公式（4-11），可以写成最小化目标函数以学习最优的参数 $\boldsymbol{\alpha}$ 和指定目标的码本：

$$\min_{\alpha,\ C} \left| \frac{\gamma}{2} \parallel \alpha \parallel^2 + \sum_{j=1}^{n} \ell^j(\alpha,\ C) \right|, \qquad (4\text{-}12)$$

式中，$\ell^j(\alpha,\ C) = E(\hat{Y}^{(j)},\ W^{(j)},\ \alpha) - E(Y^{(j)},\ W^{(j)},\ \alpha)$，$\gamma$ 用来权衡权值向量 α。参照 Yang 等[27]和 Kocak 等[28]的方法，通过交替更新码本 C 和权值向量 α 来迭代上述过程。一旦计算得到 CRF 权值向量 $\hat{\alpha}$ 和码本 $\hat{C}$，就可以通过计算公式（4-7）得到测试图像的显著性目标映射图。

4.3.3 MSRA-B 数据集

MSRA-B 数据集包含 10 个子文件夹，每个子文件夹有 500 幅图片，总共有 5000 幅图片。每幅图片的大小为 400 像素×400 像素，并且在数据集中每幅图片都有对应的像素层面上的真实标签图。MSRA-B 数据集包含多个类别，如人、飞机、马、花、鸟等。在本章实验中，选择 3 类［人（850 幅）、花（600 幅）、鸟（400 幅）］用于实验，这 3 类图片数目在 MSRA-B 数据集中是较多的。在实际操作中，本章用 Dense-SIFT 描述子作为局部块来代表目标的特征，局部块的大小为 64 像素×64 像素，并且每移动 8 个像素提取一个块。本章的任务是利用本书的自顶向下模型计算显著性目标映射图，以定位显著性目标在背景中的位置。如果一个块中至少有 1/4 的像素点在目标中，则把这个块标记为正样本，否则把这个块标记为负样本。从而可以从初始的像素层面标签上获得块层面的标签。对于"人"这一类，总共有 850 幅含有人的图片及没有人的 380 幅背景图片，这类的 425 幅奇数图片及 190 幅奇数背景类图片（选自 Graz-02 数据集）作为训练样本，剩下的 425 幅偶数图片及 190 幅偶数背景类图片（选自 Graz-02 数据集）作为测试样本。此外，对于"花"和"鸟"这两类，同样采用上述方法选择训练样本和测试样本。为了学习显著性目标模型，需要初始化码本和 CRF 权值向量。在本章的显著性目标模型中，对所有训练样本的 SIFT 特征采用 K-means 聚类算法初始化码本 $C^{(0)}$。通过 LLC 编码方法得到每个 SIFT 特征对应的编码响应向量作为 CRF 的隐变量，并且 CRF 的权值向量 α_1^0 由在编码响应和对应的特征标签学习得到，再利用线性 SVM 进行打分。为了得到客观的实验结果，随机选择每类目标的训练样本，重复运行 40 次，以计算实验精度的均值。

在本章的自顶向下模型中，有两个重要的参数，即码本的大小 M 和 K-近邻数目 K。在研究中，本章分别选择 $M=256$ 和 $M=512$ 进行实验，以学习显著性目标模型。除此之外，另一个参数 K 影响着局部约束的条件，其代表局部约束的程度。在本章实验中，适当的选择 $K = 20$ 来获得 LLC 编码响应向量。在表 4-1 中，针对当前的显著性目标计算方法在同样错误率下获得的实验精度进行了比较。在所有实验中，本章取得的实验结果优于Yang[27] 的方法。特别强调的是，本章提出的显著性目标模型的计算复杂度远小于 Yang[27] 的方法。在训练阶段，随机选择训练样本，统计 10 次运行时间，本章方法需要的平均训练时间为 10 218 s，而 Yang 的方法需要53 426 s。此外，对于每幅图片的测试时间，本章方法只需 0.2 s，而 Yang的方法则需要 2.0 s，表 4-2 给出了对比时间。

表 4-1　MSRA-B 数据集上实验精度对比

方法	MSRA-B		
	人	花	鸟
Yang（256）	69.4%	62.1%	53.1%
Yang（512）	75.6%	68.3%	58.7%
本章（256）	68.2%	62.5%	53.6%
本章（512）	76.1%	68.5%	59.9%

表 4-2　MSRA-B 数据集上计算时间对比　　　　单位：s

方法	MSRA-B					
	人		花		鸟	
	训练	测试	训练	测试	训练	测试
Yang	61 937	1.8	52 063	2.1	46 278	2.0
本章	11 894	0.19	10 517	0.24	8243	0.21

4.3.4　Graz-02 数据集

Graz-02 数据集包含 1180 幅图片，有 3 个目标类，如人、自行车、轿车，以及一个背景类（280 幅）。每一个目标类包含 300 幅图片，图片的大小均为 640 像素×480 像素，每一张图片都有对应像素水平上的前背景真实标记样本。与在 MSRA-B 数据集上的实验相似，本章学习每个目标类的显著性目标模型，以定位目标在真实场景中的位置。为了公平地与 Yang 的显著性目标模型比较，本章同样采用 Dense-SIFT 特征作为局部特征块，这些特征块从 64 像素×64 像素图像块中提取，每隔 16 个像素提取一次。为了学习本章的自顶向下模型，每个目标类的奇数图片及背景类的奇数图片作为训练样本，同时，剩下的偶数图片及背景类偶数图片作为测试样本。

对于每个目标类，随机选择训练样本，重复运行 20 次，以计算实验的平均精度，参数 M 分别设置为 256 和 512，另一个参数 K 设定为20。为了证明本章算法的性能，与当前的 4 种自顶向下模型进行了对比。在图 4-2 中，与当前的显著性目标模型对比了在 Graz-02 数据集上得到的准确率-召回率（Precision-Recall，PR）曲线（见书末彩插）。在表 4-3 中，本章同时给出了与当前自顶向下模型对比的像素层实验精度。

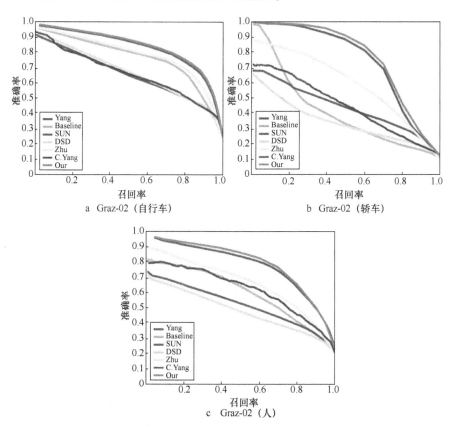

a Graz-02（自行车）　　　　b Graz-02（轿车）

c Graz-02（人）

图 4-2　在 Graz-02 数据集上 PR 曲线（码本大小 $M=512$）

表 4-3　Graz-02 数据集上实验精度对比

方法	Graz-02		
	自行车	轿车	人
Zhu	72.7	60.6	59.7
DSD	62.5%	37.6%	48.2%
SUN	61.9%	45.7%	52.2%
Yang	71.9%	64.9%	58.6%
Kocak（Baseline）	73.9%	68.4%	68.2%
Yang（256）	73.3%	57.5%	64.2%
Yang（512）	80.1%	68.6%	72.4%
本章（256）	75.4%	58.1%	65.8%
本章（512）	80.5%	69.2%	73.3%

从表 4-3 可看出，本章方法取得的实验结果要好于 DSD[48]、SUN[46] 和 Yang[15]等显著性目标模型，此外，在码本大小 M 分别为 256 和 512 时，本章方法的实验结果也要比 Yang 的方法好。特别强调的是，本章方法的计算效率要远优于 Yang 的方法。表 4-4 给出在训练阶段 Yang 的方法平均需要 52 064 s，而本章方法仅仅需要 11 057 s 左右。除了提取 SIFT 特征的时间，在测试阶段，本章方法每张图片测试时间平均只需 0.5 s，而 Yang 的方法则需要 5.0 s。在图 4-3 中，本章给出了在参数 K 不同取值情况下获得的实验精度，码本的大小为 512。

表 4-4　Graz-02 数据集上计算时间对比　　　　单位：s

方法	Graz-02					
	自行车		轿车		人	
	训练	测试	训练	测试	训练	测试
Yang	52 064	4.8	53 618	5.2	50 762	5.1
本章	11 057	0.47	11 864	0.54	10 862	0.50

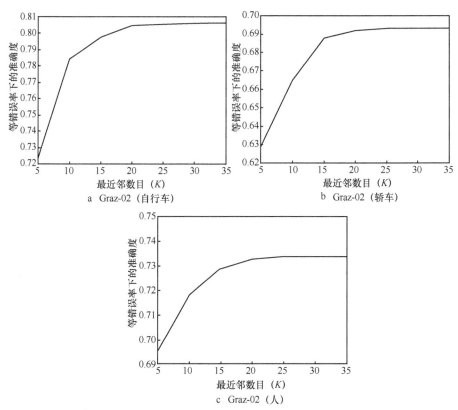

图 4-3　通过不同的参数 K 获得的等错误率 EER 曲线（码本大小 $M=512$）

4.3.5　Horse 和 Plane 数据集

　　Horse 数据集包含 328 幅马侧面图片及人工标记的像素层背景真实标记样本。这些马的图片是随机从网上收集得到用来评价自顶向下模型性能的。将数据集中 164 幅奇数图片作为训练样本，用来得到显著性目标模型，剩下的 164 幅偶数图片作为测试样本。Plane 数据集包含 317 幅飞机图片及对应的前、后背景标记图。这些多种多样的飞机图片是从谷歌地图（Google Map）上收集得到以评价本章方法显著性目标计算模型性能的，与上述实验设置相似，本章用奇数图片作为训练样本，偶数图片作为测试图片。本章采用的输入特征同样为 dense-SIFT，循环迭代优化 20 次以学习显著性目标模型，码本的大小 M 分别为 256 和 512，除此之外，参数 K 设

置为20。表4-5给出了与当前方法实验结果的对比，表4-6给出了与Yang的方法在训练阶段和测试阶段计算时间的对比。

表4-5　Horse 和 Plane 数据集上实验精度对比

方法	Plane	Horse
Zhu	59.1%	79.3%
Yang（256）	61.8%	83.7%
Yang（512）	68.1%	88.2%
本章（256）	64.5%	84.6%
本章（512）	68.4%	88.5%

表4-6　Horse 和 Plance 数据集上计算时间对比　　　单位：s

方法	Horse		Plane	
	训练	测试	训练	测试
Yang	56 027	4.6	52 714	4.8
本章	10 846	0.43	11 305	0.46

4.4　总　结

本章提出了一种新的方法，即结合 LLC 编码系数和 CRF 计算指定类显著性目标模型。本章自顶向下模型的关键思想是计算图像中每一个块（Patch）（如 SIFT 特征块）的显著性值。本章模型把 LLC 编码系数作为 CRF 模型的隐变量，并且利用 CRF 模型来优化调整指定类的判别性码本。与当前几种显著性目标模型对比，本章模型实验结果在 MSRA-B、Graz-02、Horse 和 Plane 数据集上要好于其他几种方法。从获得的显著性目标映射图可以看出，本章方法不仅提高了实验性能，而且大大降低了计算复杂度。

第五章 背景度量和自顶向下模型

5.1 引 言

显著性目标计算面临两个重要问题：①什么是显著性目标；②哪种目标在真实场景中是最显著的。第一个问题对应的是自底向上视觉显著性目标模型，第二个问题对应的是自顶向下模型。自底向上模型和自顶向下模型在人类视觉认知过程中是必不可少的。自底向上视觉模型是基于底层特征的视觉注意模型，而自顶向下视觉模型模仿了人类的先验目标视觉机制，也就是基于高层特征以确定场景中的显著性目标区域。显著性目标计算即是利用目标先验信息以计算指定目标的显著性，用于定位目标区域，同时利用背景度量的方法以获得低显著性点，用于定位背景区域。

在真实场景中，图像往往复杂且包含多种多样的目标类型，要想突显指定目标的显著性非常困难。面对此挑战，基于目标为先导的自顶向下模型可以更好地实现复杂场景中特定目标的显著性计算。近几年，在自顶向下模型中，显著性目标计算吸引了研究人员的注意，目前在图像裁剪（Image Cropping）、视频归纳（Video Summarization）、目标感知重定位（Object Aware Retargeting）、目标分割（Object Segmentation）中得到了广泛的应用。然而，在当前的自顶向下模型中，这些方法仅仅利用了目标信息，没有考虑背景信息的干扰，而图像是由背景和目标构成的，并且背景和目标在真实场景中具有很高的对比度。基于对比度的显著性目标计算方法可被看作利用背景与目标的差异性来实现显著性目标检测。除了对比先验方法，Wei 等[96]提出边界先验的方法，以计算图像中的显著性目标区域。然而，对比先验和边界先

验方法都会把图像的边缘看作背景，以至于在显著性目标计算中会损失部分目标的信息。为了解决此问题，Zhu 等[95]利用边界联通性检测背景区域，以实现显著性目标优化计算，并把显著性目标计算看作一个全局最优化问题。

除了背景度量信息之外，许多自顶向下模型利用条件随机场（CRF）和指定类码本学习的思想，这些方法起源于基于局部特征或超像素的稀疏编码方法。在稀疏编码方法中，编码方法的性能高度依赖于学习到的判别性码本。Kocak 等[28]把 CRF 与指定类的判别性码本相结合，以学习自顶向下模型。这些方法的核心思想是把稀疏编码得到的编码响应向量作为 CRF 的隐变量，同时利用 CRF 来学习优化指定类的判别性码本。然而，在真实场景中，混乱的背景得到的信息往往严重影响显著性目标信息，因而上述的稀疏编码和 CRF 相结合的方法很难在高度复杂背景中有效计算指定类的显著性目标映射图。受 Zhu 等[95]、Yang 等[27]和 Kocak 等[28]方法的启发，本书提出了一种新的显著性目标计算方法，该方法结合背景度量和自顶向下视觉显著性目标模型，并利用 CRF 学习指定类的码本，以完成显著性目标计算。通过鲁棒的背景度量，可以计算得到图像中的显著性区域，同时，本章结合 CRF 和指定类码本学习的方法，以获得显著性目标模型。与 Yang 等[27]和 Kocak 等[28]的方法不同，本章利用"局部性"替代"稀疏性"，以生成自顶向下模型。更为清晰地说，即把 LLC 编码响应向量作为 CRF 的隐变量，并利用 CRF 模型学习指定类判别性码本。实验证明本书方法不仅能降低复杂背景的干扰，而且能大大提高在真实场景中的显著性目标计算效果。本章在 Graz-02 和 PASCAL VOC 2007 两个数据集上计算显著性目标映射图，并依靠均值绝对误差（MAE）和 PR 曲线来度量本书方法的性能。实验结果表明，本章提出的方法比当前计算显著性目标的方法效果更好。

5.2　显著性目标计算相关工作

早期的视觉显著性目标是自底向上模型，该模型最初是由 Itti 等提出的。在神经处理任务和计算机视觉研究中，此模型是一个视觉刺激处理过程，基于底层特征及中心周围（Center Surround）机制计算得到。目前，显著性目标计算可以看作目标检测和图像分割任务的一个分支，在计算显著性目标工程中，会得到二值化显著性图，二值化中的 1 表示前景区域，0 表示背景区域。在本章工作中，我们对基于鲁棒背景度量的方法和基于判别性码本学习的编码方法用于计算目标显著性比较感兴趣。

5.2.1　背景度量方法

目标先验方法主要由两部分组成（中心先验和边界先验），中心先验方法通常被看作基于图像中心区域对比的高斯衰减映射图方法，作为对比，边界先验方法是把图像边缘看作背景，通过边界块完成显著性计算度量。Wei 等[94]发现背景区域趋向于连接一幅图像的边缘，而前景区域则没有这个属性。Yang 等[27]提出利用边界块度量背景序列，以完成显著性目标计算。除上述方法外，当前，Zhu 等[97]提出利用边界连通性和显著性优化算法来计算背景区域与前景区域之间的对比度，以生成显著性目标映射，如图 5-1 所示（见书末彩插）。

a：初始图片；b：通过人体自顶向下模型获得显著性目标区域；

c：通过车辆自顶向下模型获得显著性目标区域

图 5-1　复杂场景中的显著性目标映射

5.2.2　自顶向下方法

在计算机视觉研究领域，基于目标任务的自顶向下视觉显著性目标模型涉及显著性计算和特征学习两类方法。Gao 等[48] 提出基于预定义滤波器并利用判别性特征来计算自顶向下模型。在训练样本中，这些判别性特征从每幅图像中提取，并指示哪些特征是从目标中提取的，哪些是从背景中提取的。与 Gao 等[48] 方法不同，Kanan 等[46] 提出利用局部特征和独立成分分析技术，以构造自顶向下模型。Kanan 等[46] 的方法通过目标位置的上下文信息及外观成分来计算显著性目标映射图。除上述两种方法外，近年来，显著性目标计算方法将条件随机场（CRF）引入类码本学习方法中，用于学习自顶向下模型。CRF 方法可以结合多种类型特征，用于目标识别和图像分割。Yang 等[27] 提出联合 CRF 和稀疏编码的方法用以生成显著性目标模型。在Yang 等[27] 的模型中，通过 CRF 来优化判别性码本，同时把每个局部特征编码的响应向量作为 CRF 的隐变量。本章利用 LLC 编码响应向量作为 CRF 模型的隐变量，与 Yang 等[27] 的模型相似，同样利用 CRF 优化指定目标的判别性码本。

5.2.3　编码方法

当前，基于码本学习的编码方法被广泛应用于图像分类任务中。在矢量量化（VQ）编码方法中，每一个编码响应向量仅有一个非零元素，而在稀疏编码（SC）方法中，响应向量中的非零元素是对码本的稀疏优化得到的。一般情况下，SC 非零响应向量元素趋向于局部性，基于此，研究人员提出局部坐标编码（LCC）以提高 SC 性能，并且从理论上指出"局部性"比"稀疏性"更有效。然而，LCC 和 SC 需要求解最优化问题，大大增加了计算复杂度。为了解决此问题，Wang 等[24] 提出 LLC 方法，其核心思想可看作LCC 方法的快速实现。本章联合基于 LLC 编码方法的 CRF 模型和基于显著性优化的鲁棒背景度量方法，以生成显著性目标模型。

5.3 融合背景信息和自顶向下模型的显著性目标计算方法

本章结合鲁棒背景度量的显著性计算方法和基于类码本学习的 CRF 模型来构造新的显著性目标模型，用以获得更有效的显著性目标映射图。简要来说，本章利用鲁棒的背景度量算法和自顶向下模型用于计算指定目标的显著性区域。在训练阶段，利用训练图片及对应的真实标记图片学习指定目标的类码本，并利用 CRF 模型优化学习到的类码本。在测试阶段，首先从测试样本中提取超像素并利用鲁棒的背景度量方法计算图像背景信息；其次通过指定类的目标模型计算显著性目标映射图；最后通过融合鲁棒背景度量信息算法和指定类的显著性目标模型，以获得目标显著性区域。

5.3.1 鲁棒背景度量显著性计算

在自然场景图像中，背景区域和目标区域具有很大的差异性，与图像中的目标区域相比，背景区域会更多地连接图像的边缘。因而，利用边界连通性和背景权值对比可实现显著性目标计算。边界连通性由下式定义：

$$BndCon(\boldsymbol{R}) = \frac{\{p \mid p \in \boldsymbol{R}, \ p \in Bnd\}}{\sqrt{\mid \{p \mid p \in \boldsymbol{R}\} \mid}}, \qquad (5-1)$$

式中，Bnd 表示一组图像边界块；$\boldsymbol{R}$ 表示图像块集合；p 表示一个图像块，这个图像块是由超像素获得的。但是，由于参数选择及不连续边界区域的干扰，公式（5-1）的图像边界块很难计算得到。在实际应用中，Zhu 等利用近邻块 (p, q) 构造无向权值图，权值 $d_{app}(p, q)$ 表示在 LAB 颜色空间中颜色向量之间的欧氏距离。$d_{geo}(p, q)$ 表示两个块之间的测地距离，由以下公式定义：

$$d_{geo}(p, q) = \min_{p_1 = p, \ p_2, \ \cdots, \ p_n = 1} \sum_{i=1}^{n-1} d_{app}(p_i, \ p_{i+1}), \qquad (5-2)$$

每个图像块 p 的扩展区域由下式表示：

$$Area_p = \sum_{i=1}^{N} \exp\left(-\frac{d_{geo}^2(p, \ p_i)}{2 \sigma_{clr}^2}\right) = \sum_{i=1}^{N} S(p, \ q_i)。 \qquad (5-3)$$

式中，N 表示图像块的数目，$d_{\text{geo}}(p, q) = 0$。通过实验证实，当 σ_{clr}^2 在 $[5, 15]$ 实验效果最好。边界的长度可以由下式定义：

$$Len_{Bnd}(p) = \sum_{i=1}^{N} S(p, p_i) \cdot \delta(p_i \in Bnd)。 \tag{5-4}$$

式中，$\delta(\cdot) = 1$ 表示图像块在边界上，否则 $\delta(\cdot) = 0$。最后由下式计算边界连通性：

$$BndCon(p) = \frac{Len_{Bnd}(p)}{\sqrt{Area(p)}}。 \tag{5-5}$$

通过以上式子，背景权值对比如下：

$$wCtr(p) = \sum_{i=1}^{N} d_{\text{app}}(p, p_i) w_{\text{spa}}(p, p_i) w_i^{\text{bg}}。 \tag{5-6}$$

式中，$d_{\text{app}}(p, p_i)$ 表示图像块 p 与 p_i 之间的欧氏距离且 $w_{\text{spa}}(p, p_i) = \exp\left[-\frac{d_{\text{app}}^2(p, p_i)}{2\sigma_{\text{spa}}^2}\right]$，$\sigma_{\text{spa}} = 0.25$。$w_i^{\text{bg}} = 1 - \exp\left[-\frac{BndCon^2(p_i)}{2\sigma_{BndCon}^2}\right]$ 表示新的权值项且 $\sigma_{BndCon} = 1$。最后，可以利用公式（5-6）计算显著性区域。实验证实，目标区域具有高的对比度，与之相反，背景区域具有低的对比度。

5.3.2　LLC 和 CRF 显著性目标模型

本节方法从局部图像块中提取 dense-SIFT 特征作为输入，并用二进制类标（+1，-1）来标记特征块是否在目标中提取，+1 表示在目标上提取的特征，-1 表示在背景中提取的特征。在实际应用中，$X = (x_1, x_2, \cdots, x_m)$ 表示一组来自一幅图像上的特征向量，对应的标记信息用 $Y = \{y_1, y_2, \cdots, y_m\}$ 来表示，$D = \{d_1, d_2, \cdots, d_k\}$ 表示码本信息（从训练样本中获得）。LLC 算法可以通过对下式解优化求得：

$$w(x, D) = \arg\min_{\alpha} \frac{1}{2} \|x - Dw\|^2 + \lambda \sum_{i=1}^{k} \left[w_i \exp(\|x - d_i\|_2/\sigma)\right]^2。$$

$$\tag{5-7}$$

式中，w_i 表示局部特征对应的编码响应向量，同时作为 CRF 模型的隐变量用来优化调节码本 D，对应的特征重建表示为 $x_i = Dw_i$；变量 λ 表示稀疏惩罚参数，用来调控稀疏规则化项。注意，利用 $W(X, D) = [w(x_1, D), w(x_2, D), \cdots, w(x_m, D)]$ 表示隐变量。求解公式（5-7）需要计算解优

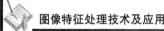
化过程，因而本章利用 LLC 方法来加速这个过程，并利用特征 x_i 在码本中的 K 近邻参数替代惩罚系数，用来调控局部性约束项条件[12]。本节在局部图像块上基于空间近邻的方式构造 4-连接图 $\Gamma\langle \nu, \varepsilon\rangle$，$\nu$ 和 ε 分别表示图的节点和边界。利用标记 Y 及隐变量 $W(X, D)$ 在图 Γ 构建 CRF 模型，如下式：

$$P((Y \mid W(X, D)), \boldsymbol{\alpha}) = \frac{1}{Z} e^{-E(W(X, D), Y, \boldsymbol{\alpha})} 。 \qquad (5\text{-}8)$$

式中，Z 表示分割函数，$\boldsymbol{\alpha}$ 是 CRF 的权值向量，$E(W(X, D), Y, \boldsymbol{\alpha})$ 表示 CRF 的能量函数。通过公式（5-8），可以学习指定类的监督码本 D 和 CRF 的参数 $\boldsymbol{\alpha}$。节点 $i \in \nu$ 边缘概率分布如下式：

$$P(y_i \mid \boldsymbol{w}_i, \boldsymbol{\alpha}) = \sum_{y \aleph(i)} p(y_i, y \aleph(i) \mid \boldsymbol{w}_i, \boldsymbol{\alpha}) 。 \qquad (5\text{-}9)$$

式中，$\aleph(i)$ 表示节点 i 在图 Γ 上的近邻且局部图像块 x_i 的显著性值由下式计算：

$$u(\boldsymbol{w}_i, \boldsymbol{\alpha}) = p(y_i = 1 \mid \boldsymbol{w}_i, \boldsymbol{\alpha}) 。 \qquad (5\text{-}10)$$

从而，显著性目标映射图 $U(W, \boldsymbol{\alpha}) = \{u_1, u_2, \cdots, u_m\}$ 可以由上式计算得到。此外，自顶向下显著性目标映射图能够保留目标外观和局部上下文信息。最后，对于一幅测试图像的特征向量 $X = \{x_1, x_2, \cdots, x_m\}$ 通过以下两个步骤获得显著性目标映射图 U：①利用公式（5-7）学习局部性约束的隐变量 $W(X, D)$；②利用公式（5-9）和公式（5-10）计算显著性目标映射图。

本节利用最大间隔方法来学习指定类的码本 D 及 CRF 的权值向量，在训练阶段，与 Yang 等[27] 和 Kocak 等[29] 的方法不同，本书利用 LLC 编码方式替代稀疏的编码方式，其对应的编码响应向量作为 CRF 模型的隐变量，以大大提高计算效率。此外，在训练阶段，本书需要一组训练样本 $X = \{X^{(1)}, X^{(2)}, \cdots, X^{(n)}\}$，以及相应的像素级别上的实际真值标记 $Y = \{Y^{(1)}, Y^{(2)}, \cdots, Y^{(n)}\}$。依照 Yang 等[27] 和 Kocak 等[28] 的方法，本书采用码本与权值向量迭代更新的方法优化码本和 CRF 权值向量。一旦获得 CRF 模型的权值向量 $\widehat{\boldsymbol{\alpha}}$ 和指定类码本 $\widehat{C}$，一幅测试图片的显著性目标映射图可以由公式（5-10）计算得到。为了提高显著性目标映射图的质量及降低背景信息的干扰，本书结合基于鲁棒背景度量的显著性计算方法和基于 CRF 和 LLC 编码的自顶向下方法，以获得最终的显著性目标映射图：

$$Crfwopt_{\text{Map}} = wCtr(p) + U(\boldsymbol{w}_i, \boldsymbol{\alpha}) 。 \qquad (5\text{-}11)$$

式中，$wCtr(p)$ 鲁棒背景映射图通过公式（5-6）计算得到；p 为超像素特征；U 表示指定目标类的显著性目标映射图，由求解公式（5-9）和公式（5-10）获得；w_i 表示 LLC 编码响应向量作为 CRF 模型的隐变量；$\boldsymbol{\alpha}$ 是 CRF 模型的权值向量。算法 5-1 展示了类码本优化过程：

算法 5-1　类码本优化算法

Require：一组训练示例：$(X^{(j)},\ Y^{(j)})$，$j=1$，$\cdots$，n；T 表示循环迭代优化的次数；$\alpha^{(0)}$ 表示 CRF 权值向量初始值；$D^{(0)}$ 是通过 K-means 算法计算获得的初始码本。

Require：权值表示为（α）；码本表示为（D）

for$t \leftarrow 1$；$t \ll T$；$i \leftarrow i++$**do**

　　for$j \leftarrow 1$；$j \ll n$；$l++$**do**

　　　print　广义转置训练样本：$(X^{(j)},\ Y^{(j)})$

　　end for

　　print　通过公式（5-7）估计 w 和 $D^{(t)}$；迭代更新权值向量 α' 和 $D^{(t)}$

end for

5.4　显著性目标计算实验结果

在两个数据集（Graz-02、PASCAL VOC 2007）上测试本章方法的性能，这些数据集由于包含大量多样的目标，并且具有各种遮挡、混乱背景的干扰，因而具有很大的挑战性。本书所有的实验都是在 Dell T7610 工作站（32 GB 内存）进行的。在实验中，采用 PR 曲线来评价算法的性能。这个曲线是通过比较显著性目标映射图的二进制掩模与真实二进制标记图的差异所得到的。但是在实际应用中，由于 PR 曲线只考虑目标显著性和背景差异性，因而有很大的局限性。基于此，本章还采用了均值绝对误差（MAE）以度量显著性目标映射图与真实二进制标记图每个像素之间的差异。通过上述两种度量方法，可以获得更有意义的实际应用，如图像剪切和目标分割。图 5-2展示了本章方法的训练框架（见书末彩插）。

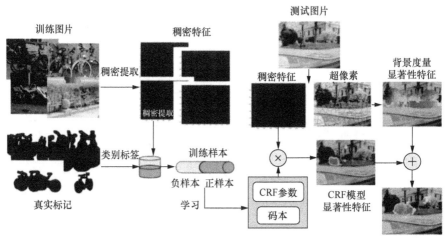

图 5-2　本章方法训练框架

5.4.1　Graz-02 数据集

Graz-02 数据集被广泛应用在显著性目标检测中，以评价不同方法的性能。此数据集包含 3 个目标类（人、轿车、自行车）和一个背景类。Graz-02数据集总共有 1180 幅图片，每个目标类包含 300 幅图片及对应的像素层面上真实目标前景/背景标记图（280 幅），图片的大小均为 640 像素×480 像素。在实验中，把数据集中每个目标类的 150 幅奇数图片及背景类的 150 幅奇数图片作为训练样本，剩余的偶数图片则作为测试样本。为了计算目标显著性，需要从训练样本中提取所有的 dense-SIFT 特征，之后利用 K-means 聚类算法来初始化码本并利用 CRF 优化该码本。

为了公平地与当前方法比较，本章方法参照标准的实验设置。在实验中，从每幅图片中提取 dense-SIFT 描述子，并且提取特征块的大小为 64 像素×64 像素，并每隔 16 个像素提取一个特征，一幅大小为 640 像素×480 像素的图像，将会得到 999 个描述子。此外，如果特征块中目标的像素数目占比超过总像素的 1/4，则把这个特征块标记为正样本，否则标记为负样本。在本章的显著性目标模型中，利用 LLC 的编码响应向量作为 CRF 模型的隐变量。除此之外，本章方法需要学习模型中的两个重要参数：一个是码本中码字的数目 K；另一个是近邻数 Knn，用来控制稀疏的程度。通常，码本中码字的数目越大，其包含的目标信息越丰富，但是码本过大其冗余信息也较多，基于此，本章选择适中的码字数目 $K = 512$ 来开展实验。

按照定义，另一个参数 Knn 控制着局部约束线性稀疏编码的程度。具体来说，大的 Knn 表示选择较多的码本中近邻码字来编码图像特征块，同时考虑计算复杂度，设定 $Knn = 20$ 用于本实验中。为了清晰地给出本章方法在 Graz-02 数据集中的性能，通过计算 PR 曲线及均值绝对误差（MAE），对本章算法与当前流行的几种方法（Crfsc、wCtropt、SF、GS、MR）进行了客观对比。在这些方法中，SF 直接结合了图像低层次特征计算显著性目标映射图；GS 和 MR 利用边界先验计算显著性目标映射图；wCtropt 利用鲁棒的背景度量算法及全局性优化方法计算显著性目标映射图；Crfsc 则结合了判别性码本学习方法和 CRF 模型，用以获得图像中显著性目标的位置。

图 5-3、图 5-4 和图 5-5 的 a 图分别给出了在数据集 Graz-02（人、轿车、自行车）上不同方法的 PR 曲线。通过 PR 曲线可以看出，在同样的查准率和查全率条件下，本章方法得到的 PR 曲线要好于当前其他方法。图 5-3、图 5-4 和图 5-5 的 b 图分别给出了在 Graz-02 数据集（人、轿车、自行车）上不同方法的 MAE，本章方法得到的 MAE 也要好于其他方法。

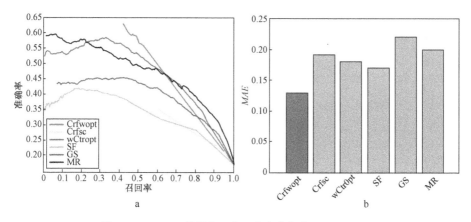

图 5-3 Graz-02 数据集（人）上本章方法（Crfwopt）
与其他方法的 PR 曲线和 MAE 对比

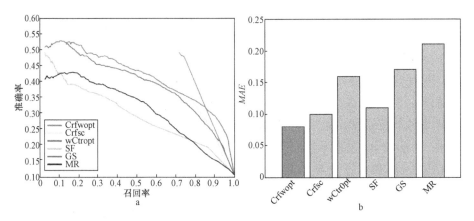

**图 5-4　Graz-02 数据集（轿车）上本章方法（Crfwopt）
与其他方法的 PR 曲线和 *MAE* 对比**

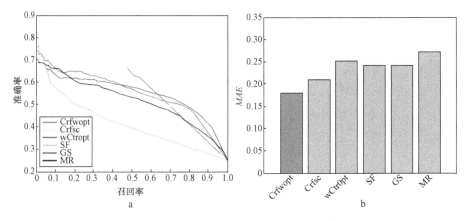

**图 5-5　Graz-02 数据集（自行车）上本章方法（Crfwopt）
与其他方法 PR 曲线和 *MAE* 对比**

5.4.2　PASCAL VOC 2007 数据集

　　PASCAL VOC 2007 是比 Graz-02 更具有挑战性的数据集，由 9963 幅图片组成，包含 20 个目标类，但只有 632 幅图片具有真实标记的前景/背景分割图。在实验中，每一个目标类仅有少量的图片参与到学习中，为了解决少量样本的问题，利用数据集已经标记好的边界框来对训练样本中每幅图片上的目标进行标记。参照灰度分割方法，有目标的 bounding box 标记为 1，否则为 0。此外，为了有效地反映算法的性能，本章选取 3 类目标（人、轿车、自行车）用于实验，因为这 3 类目标是整个数据集包含图片数目最多的。码本中码字的数目 K 及局部性约束参数 Knn 近邻数分别设定为 512 幅和 20 幅。与 Graz-02 数据集实验相似，图 5-6、图 5-7 和图 5-8 的 a 图分别给出了在 PASCAL VOC 2007 数据集上不同方法获得的 PR 曲线图。通过 PR 曲线可以看出，在相同的查准率情况下，本章方法的性能好于当前其他的方法。图 5-6、图 5-7 和图 5-8 的 b 图分别给出了在 PASCAL VOC 2007 数据集上不同方法的 MAE 结果，本章方法得到的 MAE 也要好于其他方法。

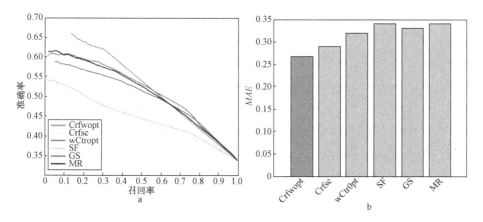

**图 5-6　PASCAL VOC 2007 数据集（人）上本章方法（Crfwopt）
与其他方法的 PR 曲线和 MAE 对比**

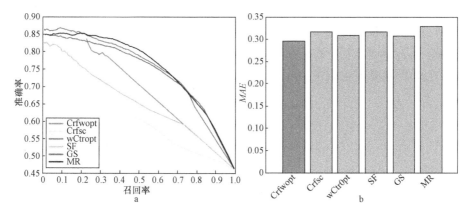

**图 5-7　PASCAL VOC 2007 数据集（轿车）上本章方法（Crfwopt）
与其他方法的 PR 曲线和 MAE 对比**

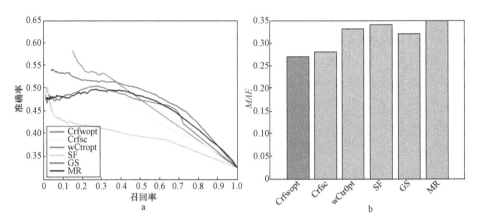

图 5-8 PASCAL VOC 2007 数据集（自行车）上本章方法（Crfwopt）
与其他方法的 PR 曲线和 *MAE* 对比

5.5　总　结

本章提出融合背景度量机制和自顶向下视觉模型实现显著性目标计算功能。背景度量方法的目的是发现背景区域的区域一致性特点，并利用边界块度量背景序列信息，使得背景区域与前景区域之间形成明显的对比度；自顶向下视觉显著性方法包含显著性计算和特征学习两个部分。本章方法利用鲁棒的背景区域度量算法和自顶向下视觉模型计算特定目标的显著性，同时利用条件随机场模型优化目标特征的码本，以进一步定位图像中目标的显著性区域。实验结果表明，在公共数据集 Graz-02 和 PASCAL VOC 2007 上，本章方法均取得最好的效果。

第六章　基于图像特征编码的行人重识别

6.1　引　言

随着国家监控摄像系统的完善，大规模分布式摄像头几乎遍布城市的各个角落。如何有效地利用当前机器学习领域的算法来处理海量的摄像头数据，自动寻找目标所在的位置以有效地降低人工参与度，成为当前的热门研究领域。基于行人重识别的监控技术受到研究人员的关注，该技术核心思想是从多个摄像头监控场景中寻找和识别特定人体目标的行踪，以便快速地寻找到特定的人，本质上是对出现在不同空间、不同时间场景中的行人关联起来并进行匹配再识别，以确定是否是同一个人。更具体地说，在分布式多摄像头监控系统中，行人重识别是在多种多样场景下完成匹配识别的任务，而多种多样的场景是由摄像头分布在不同地点及获得的不同时段下的视频造成的。在当今视频监控网络中，依靠人工操作寻找特定的行人，需要耗费大量的人力财力，同时还无法保证准确性。除此之外，操作人员会被分配多个监控摄像视频，容易分散操作人员的注意力，并且识别行人的性能也会与操作人员的经验大大相关，而这种经验很难被其他操作人员学习到，不具有推广能力，最主要的是随着近几年来公共场所摄像头大规模的布置，人们意识到人工的方法很难完成如此之大的工作量，且人工表现的准确度也很难进一步提高。因此，行人重识别算法逐渐成为计算机视觉领域一个新兴的热门研究方向。

在计算机视觉领域中，完成自动的行人重识别算法是一项具有挑战性的工作，因为不同的摄像头获得的行人特征有着巨大的差异性，如何从多种复杂的场景中准确找到特定的人，是一项艰巨的任务。特别是在信息高度发展的当今社会中，行人重识别技术广泛应用在大型场景及犯罪调查现场，比如机场、火车站行人监控，安保监控，走失人员查找，嫌疑人员跟踪等。行人重识别在视频监控中面临的首要问题是如何对出现在一个场景中的目标与另一个场景中出现的同一目标匹配识别，无论拍摄角度及拍摄距离是否一致。在一个大型场景中，获得的视频数据往往不清晰且混杂，在这种情况下，传统的机器学习识别手段如人脸识别、虹膜识别、指纹识别等是无法完成行人跟踪的，这是因为在目前的摄像头配置条件下，很难获得图像的细节，因而无法提取有效的生物特征用于上述方法的匹配识别。然而，行人重识别算法并不需要获得清晰的图片用于目标识别，而只需要获得人体衣服的颜色特征及大概的外观特征就能辨别人体的差异性。但是，在真实场景中，行人往往受光照条件、背景干扰、障碍遮挡及拍摄角度的影响，具体来说人体衣服的颜色及外观在不同摄像头下可能存在巨大的变化，当场景变化很大时，人体类内距离要大于类间距离，这些都是行人重识别算法面临的挑战与困难。

从多个摄像头视频中获得有用的信息或者锁定特定的目标需要投入大量的时间和精力，而在大量视频中，即使投入时间和精力，也不可避免地会忽略、漏掉重要信息。因此，在实际应用中，需要开发行人重识别技术以解决现实中遇到的问题。在行人重识别方法研究中，除了保证识别的准确度之外，识别的速度也是性能评价的一个重要指标，但是当前行人重识别方法中大部分并未考虑计算复杂度。本章在研究行人重识别问题时，同时考虑了识别准确率和匹配速度，以便获得更加实际有效的行人重识别系统。在提取人体特征方面，本章方法主要提取了颜色特征和 HOG 特征；在具体的实施过程中采用了水平条纹分割、核函数加权、图像金字塔等算法；在减少计算复杂度方面，本章方法借鉴了图像分类思想，采用了局部性约束的线性编码（LLC）方法及编码重构误差的思想来完成目标之间的匹配。

6.2　行人重识别相关工作

在当前行人重识别研究领域，为解决上述问题主要有 2 个研究方向：一是设计对人体而言具有判别性的特征表示，该特征向量应尽可能地对光照变化和拍摄角度具有鲁棒性；二是利用计算机视觉相关的方法优化行人重识别模型中的参数，以进一步从数据中学习具有判别性的特征表示。然而，一般情况下，人体视觉外观特征是无法满足多场景下的目标匹配识别的，且在低分辨率图片中，人体的外观特征不够稳定、有效地区分不同的行人。基于以上原因，实现自动的行人重识别技术将面临很多严峻的挑战。除了挑战之外，行人重识别算法在机器学习领域还有很多可用之处，如人体再识别技术中的特征描述子还可以应用于跟踪强化和中远距离的人体识别；行人重识别算法中的排序算法和矩阵分析可应用于人脸认证和图像内容分析；行人重识别算法中的距离度量学习、相似性判断和稀疏编码都有助于改进相关的机器学习算法。

6.2.1 行人重识别流程

行人重识别系统主要由以下几个模块组成：图像特征提取模块、图像表示模块、人体匹配识别模块。①特征提取：提取比原始图像像素更可靠的、简洁的、鲁棒的图像特征，如 HOG, SIFT 等；②特征表示：对提取到的特征进行编码，获得更深层次的图像表示；③匹配识别算法：通过基于模型匹配或者距离度量的方法得到人体图像间的相似性，以便在候选视频图像集（Gallery Set）中匹配指定的探测视频图像（Probe Image）。选择不同的匹配方法，则需要训练不同的匹配参数。图 6-1 给出了行人重识别的模块组成。

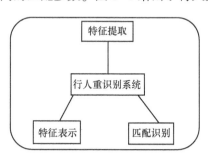

图 6-1 行人重识别系统组成部分

上述的行人重识别模块同时考虑了算法和系统设计，在特征提取、特征表示模块，当前采用的人体特征通常是颜色、纹理、空间结构等，之所以采用这些特征，是因为其相对容易计算得到、性能稳定，还能具有人体的判别力及对不同场景下的光线变化、角度不同具有鲁棒性。在具体操作中，会对这些特征进行编码以得到固定长度的特征表示向量如直方图、协方差、Fisher 编码等。在匹配识别模块中,利用最近邻分类器或支持向量机排序等模型匹配方法用于行人重识别系统中。测量两个样本之间的相似性可以通过计算距离的方式如欧氏距离、马氏距离等,在给定标注的训练图片时,可以采用最近邻度量、K 近邻度量及模型匹配算法来获得更好的比对识别结果。在当前行人重识别研究领域中,对于如何提高算法的性能及有效利用图像的特征,很多相关算法被提出,如沿轨迹提取多帧图片以提高算法的鲁棒性、获取监控网络的拓扑结构以优化系统、基于集合进行分析、考虑群体等外部环境。

6.2.2 行人重识别方法

在行人重识别研究方法中,依据不同的准则,对现有的行人重识别方法大体分为以下几类,如图 6-2 所示。

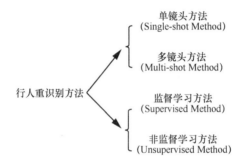

图 6-2 行人重识别分类方法

单镜头识别方法是每个目标只有一对图像,即在探测集和候选集中各有一幅图像用来匹配;多镜头识别方法表示同一目标的匹配是在多个视频场景中进行,也就是探测集和候选集来自多个镜头。参照当前分类策略,行人重识别方法主要由监督学习方法和非监督学习方法组成。监督学习方法是在应用之前,对数据集中训练样本进行标注并利用距离度量、特征权值或决策边界等分类方法进行匹配识别;非监督学习方法则不依赖于数据集中训练样本的多少,更关注提取更好判别性能的图像特征。本节主要总结最近几年行人重识别相关的研究工作:特征表示和模型学习,图 6-3 给出了相关的研究方向。

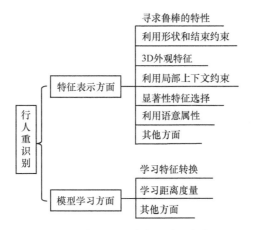

图 6-3 行人重识别技术相关研究方向

6.2.3 特征表示模块

在行人重识别系统中，特征表示是一个重要环节，好的特征表示可以有效地保留图像判别信息，其目的是从图像的原始数据中获得特征表示向量。在行人重识别研究中常见的特征有纹理、边缘、形状、颜色特征，还有一些局部性、全局性特征。在实际应用中，由于数据的缺乏和条件所限，多采用多种类型特征集合的方式用于匹配识别方法中。常用的特征表示方法 Bag-of-words 称为词袋算法，是通过累计码字响应出现的次数得到。为了使特征表示包含更多的空间信息，图像常被划分为不同块，再从这些块中利用分割算法提取特征，如同心环分割、三角分割、水平条纹分割、局部定位分割等。

在当前的研究方法中，为了提高人体匹配识别性能，需要把形状和结构约束加入特征表示模块中。行人检测是行人重识别的一个重要环节，其检测效果会影响行人重识别性能。在检测人体时，若框出的边界过大，则背景会影响特征的精度，所以很多情况下需要严格地分割出人体的像素，以尽可能避免背景的干扰。检测到人体之后，进一步地利用姿态估计检测人体不同部位，获得人体的对称性和形状信息以便得到更加判别性和鲁棒性图像特征。在行人重识别方法中，一旦人体更换衣着，基于 2D 视觉外观特征则很难取得较好的效果，为了解决此问题，最近几年 3D 视觉外观特征受到了很大关注，该方法通过测量手臂的长度、人体的高度、腿部的长度和身体各个部分的比例以获得更详细的人体外观特征来降低衣着的敏感性。常规下的监控摄像头安装为不同的角度及远距离的地方，很难获得人体软生物特征信息。特别是在交通枢纽或者拥挤的公共场所，想要获得精确的行人检测都很困难，更不必说提取具有判别性的图像特征。同时在大型场景中，很多人具有相似的穿着，也会增加匹配过程的难度。为了解决上述的问题，除了采用人体的局部视觉外观信息之外，还要利用人体的上下文信息组成更好的外观特征。随着行人重识别研究的深入，有两个问题需要特别关注：一是在图像中所有特征是否同等重要？二是特定的某些特征的有效性是否具有普适性？令人遗憾的是，经过最近几年的研究发现，图像中的所有特征并非同等重要，某些特征具有更好的辨识性，某些特征对光线具有很好的鲁棒性。因此，在实际应用中，应该考虑特征选择方法和特征加权算法。经典的行人重识别方法，一般认为特征选择和加权机制是全局适用的，即认为单一的权值向量对所有人体都是适用的，如颜色信息普遍被用来匹配所有人体。然而，在应用中，研究人员常利用显著性特征来区分目标之间的差异性，但缺陷是人体的显著性特征很难获取。

6.2.4　模型学习

在行人重识别研究中，除了上述的特征表示模块，模型学习也是行人重识别方法的重要部分，其目的是计算图像特征表示间的匹配识别方法，如距离度量、重构误差、矩阵分析等。如果已知监控摄像头的对应关系，则可以学习特征转换函数，用来计算摄像头之间的关系。这种方法的意义在于：一方面当行人从一个场景走到另一个场景中，光学函数可以获取目标颜色分布信息，这些信息包含了光照条件及观测条件的变化；另一方面通过特征向量对应的函数映射关系获得几何变换函数。继模型学习方法之后，其他方法也用来实现行人重识别方法，比如亮度转换函数可以在不同颜色通道上学习并能考虑通道间的相关性。然而，在实际场景中，摄像头之间的转换关系是复杂的、多模式的，特别是在光照、姿态、标定参数变化大的情况下，是很难计算摄像头间的转换函数的。

距离度量学习是典型的模型学习方法，其核心思想是计算最优指标，目的是使属于同一个人的实例更相似，不同人的更相异。概括来说，距离度量

是为了抑制跨监控场景变化而产生的特征匹配方法，当前常用的距离度量学习方法有：相对距离比较（Relative Distance Comparison，RDC）、逻辑判别度量学习（Logistic Discriminant Metric Learning，LDML）、最大边缘近邻（Large Margin Nearest Neighbor，LMNN）、信息理论度量学习（Information Theoretic Metric Learning，ITML）、KISSME、RankSVM 等。

6.3　行人重识别系统框架

行人重识别技术本质上是利用人体生物外观特征匹配不同场景下的人体图像，即探测集图像与候选集图像匹配，以确定人体的身份。在研究行人重识别问题时，一般会认为监控视频的时间相差不是很长，以免人体的外观衣服和形态发生巨大变化，影响技术的应用。

6.3.1　行人重识别系统框架图

行人重识别算法主要是由基于内容的图像检索算法、多摄像机追踪算法、颜色和纹理信息分类算法组成。行人检测是行人重识别技术的第一个步骤，早期的研究工作主要通过对静止摄像机拍摄的视频图像进行背景减除实现人体的检测，而近年来，从训练样本中学习基于人体外观特征的检测器效果更好。在行人重识别问题研究中，多数算法直接忽略了行人检测步骤，而是在已经剪切好的人体图像上进行算法研究，然而这些算法在实际应用中，很难获得较好的性能。这是因为，真实场景中要实现完美的行人检测是很难做到的，因而检测人体的效果会大大影响行人重识别的准确度。所以，行人检测这个步骤也是系统重要的环节。除了行人检测影响准确度外，姿态和视角变化也在很大程度上影响行人重识别的效果，因此需要对姿态和视角进行归一化。除此之外，图像中的背景变化也会降低实验的精度，所以需要背景减除算法尽量降低背景的干扰。尽管研究人员在背景分割和人体姿态估计方面做了大量的工作，但在真实监控场景中还是很难稳定的工作。在多个监控摄像头中，人体外观特征会因为光线和几何角度导致变化很大，因而还需要一些特征转换学习和相似性度量等算法来克服外界环境变化带来的影响。本章主要研究行人重识别系统的 4 个主要环节：行人检测、特征提取、特征编

码、匹配方法。图 6-4 给出了行人重识别系统框架。

图 6-4　行人重识别系统框架

6.3.2　行人检测

行人检测是模式识别、图像处理方向研究热点之一，广泛应用在大型场景中的视频监控、跟踪识别任务等。由于从监控摄像头中获得的图像分辨率较低，因此基于分割或关键点的行人检测算法常常效果不好。Papageorgiou 等[100]最早提出了滑动窗口检测方法，他们将 SVM 应用于多尺度 Haar 小波构成的超完备字典上。在此基础上，Viola 等[101]改进了上述方法，主要是利用 AdaBoost 级联算法进行特征选择，提高行人检测效果。受 SIFT 特征启发，研究员提出了利用 HOG 特征进行行人检测且成为当时最有效的行人检测算法。Zhu 等[102]利用积分图实现了快速提取 HOG 特征的过程。Gavrila 等[103]提出利用 Hausdorff 距离变换和模板层级技术快速匹配目标图像边缘及形状模板。Wu 等[104]采用图像块特征来表示图像局部性质，并利用 Boosting 学习人体各个部分的结构信息。除了上述工作之外，当前研究人员主要在学习框架、特征空间、姿态信息等方面做了大量的研究。在本节中，采用最经典的 HOG+SVM 方法实现行人检测。目标跟踪是通过连续的视频帧跟踪特定的目标，以确定目标的行动轨迹。在实际应用中，目标检测和跟踪常常是一体的，要实现跟踪的目的，前提是先检测到目标。在计算机视觉和模式识别研究领域，科研人员提出了大量的目标检测跟踪算法，主要由两大类组成：一类是基于区域和轮廓的算法[105]，该类方法主要思想是根据图像块、目标轮廓等信息完成跟踪；另一类是自底向上（Bottom-up）的方法和自顶向下（Top-down）的方法[106]，自底向上也称为目标表示或目标定位，先将图像分割为目标和背景并用多种特征表示目标，接着标识它们在视频序列中的定位，自顶向下也称为目标滤波或数据关联，需要知道目标和场景模型的先验知识，才能估计目标的位置。自底向上算法虽然简单、计算量低，但是当目标有部分或全部遮挡时效果不好。自顶向下方法的优点是对目标遮挡更有鲁棒性。在真实场景中，无论是自底向上还是自顶向下方法都需要处理场景中的光照变化、背景混杂等影响。在公共数据集上进行实验时，人体是经过检测算法之后得到的图像，虽然有背景干扰，但可以通过后续步骤处理；当在自行采集的视频数据集上进行实验时，使用的是最经典的 HOG+SVM 算法完成行人检测，以下小节给出了人体检测的详细步骤。HOG+SVM 行人检测算法梯度方向直方图（HOG）是模式识别和图像处理领域经常使用的一种特征描述子，目的是统计图像局部区域中梯度方向的出现频率。虽然 HOG 与尺度不变特征变换描述子 SIFT 和边缘方向直方图（Edge Orientation Histograms）相似，但 HOG 是在密集网格中计算的，并且在重叠的区域进行归一化以提高特征的性能。行人检测算法之所以广泛应用 HOG 特征，这是因为视频或者图像中行人的轮廓外观和形状可以通过梯度或边缘方向的分布来描述。在提取 HOG 特征过程中，图像被分割成多个称为胞元（cell）的连通区域，在每个 cell 中计算像素梯度方向直方图，最后级联这些直方图以构成最终的描述子。为了提高精度，在比 cell 更大的区域块中进行对比度归一化，以使描述子对光照和阴影变化具有更好的不变性。

详细来说，提取一幅图像的 HOG 特征步骤如下：

第一步计算梯度值，在水平和垂直方向应用一维的微分掩模，即采用过滤核 [-1, 0, 1] 和 [-1, 0, 1] 对图像的颜色数据和强度数据进行处理。

第二步计算 cell 直方图，cell 中的每个像素根据梯度计算得到的值对基于方向的直方图进行加权投票，权值可以是梯度值或是强度值的某个函数。

第三步归一化，为了限制光照和对比方面的变化，需要将 cell 归并为更大的、空间连通的块，并在块中进行局部的梯度强度归一化，在这里，块可以是矩形的 R-HOG 类型或者圆形的 C-HOG 类型。研究人员提出对多种块归一化方法进行了实验，记 x 为给定块的未归一化的直方图向量，$\|x\|_L$ 为向量 x 的 L-范数（$L=1, 2$），c 为一个小常数值，则归一化方式如下式：

$$L_2-norm: \quad x = \frac{x'}{\sqrt{\|x'\|_2^2 + c^2}}, \tag{6-1}$$

$$L_1-norm: \quad x = \frac{x'}{\|x'\|_1 + c}, \tag{6-2}$$

$$L_1-sqrt: \quad x = \sqrt{\frac{x'}{\|x'\|_1 + c}}。 \tag{6-3}$$

第四步生成 HOG 描述子，其可以通过级联所有块的归一化直方图得到，

其中块常常是重叠的，表示每个 cell 在最终的描述子中不只统计一次。

与其他特征相比，HOG 特征具有如下几方面优点：一方面由于 HOG 特征是在局部 cell 中计算得到的，对于几何和光线变换具有鲁棒性；另一方面空间采样、精细的定位取样、局部光度归一化等操作可以忽略人体的身体运动。在完成 HOG 特征提取后，将计算得到的特征输入预先训练好的 SVM 分类器中以判断是否为人体图像，行人检测结构流程如图 6-5 所示。

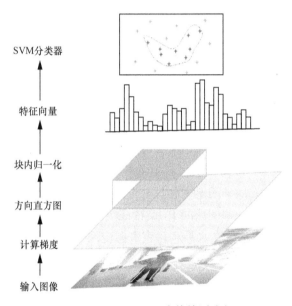

图 6-5　HOG+SVM 人体检测流程

6.3.3　图像特征提取

给定一幅输入图像，首先将图像归一化为 64 像素×128 像素，然后把图像分割为重叠的水平条纹，每个水平条纹为 16 像素高，水平条纹的作用是获取不同的身体区域。进行 2 层分割，在第 1 层分割时，将图像的高分割为 8 个水平条纹，在第 2 层分割时，忽略图像上下各 8 个像素，将余下图像的高分为 7 个水平条纹。因此，总共有 15 个水平条纹。由图 6-6 可见，这 15 个有重叠的水平条纹构成了两层的图像金字塔结构。在每个水平条纹中，从 RGB 颜色通道和 HSV 颜色通道分别计算颜色直方图。HSV 颜色空间对红色、黄色、蓝色等较明亮的色彩描述较好，但是对于灰色等中性色彩则描述不佳，因此与 RGB 颜色空间联合使用可有效地互补。在一般的颜色直方图特征提取中，每个像素对应的直方图单位贡献值为 1，换句话说，当图像位置 (x, y) 属于直方图中的 E 单元时，$E=E+1$，而在本章中，为了降低背景的干扰，采用加权形式的直方图，即每个像素的贡献值由 Epanechnikov 核函数约束：

$$E(x, y) = \begin{cases} \dfrac{3}{4}\left[1 - \left(\dfrac{x}{W}\right)^2 - \left(\dfrac{y}{H}\right)^2 \right], & \left|\left(\dfrac{x}{W}\right)^2 + \left(\dfrac{y}{H}\right)^2\right| \leqslant 1 \\ 0, & \text{其他} \end{cases} \quad (6\text{-}4)$$

式中，W 为图像的宽，H 为图像的高，x 为像素横坐标，y 为像素纵坐标，W、H 是 Epanechnikov 核函数中唯一的参数，在每个水平条纹中，HS 直方图的维度为 8×8，RGB 直方图的维度为 $4\times4\times4$，也就是每个水平条纹的特征维数是 $64+64=128$ 维，整幅图像是由 15 个水平条纹的描述子级联得到，共 $15\times128=1920$ 维。除了上述颜色信息外，为了使图像的判别信息更丰富，以网格的形式提取 HOG 特征。在实际应用中，为了降低背景的干扰，每幅图像上下左右各剪切 8 个像素之后再提取 HOG 特征，HOG 中的每个块包含 2×2 个 cell，每个 cell 包含 8×8 个像素，在每个 cell 中，从 3 个方向（垂直、水平、对角线）统计梯度直方图，因此得到的 HOG 描述子最终的维数是 1040 维。与上述颜色特征相结合，共 $1920+1040=2960$ 维。图像特征提取示意如图 6-6 所示。上述特征具有以下几个方面的优点：①水平分割模型对姿态具有一定的不变性；②HS 和 RGB 颜色直方图对光照和颜色的变化具有一定的不变性；③Epanechnikov 核函数只与图像尺寸有关，同时可有效地降低背景的干扰；④对描述子的每一维进行的开放操作可降低大权值的变化带来的影响。

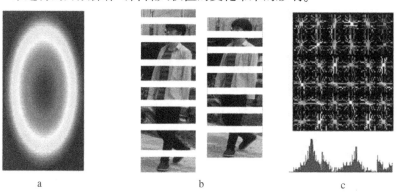

a   b   c

图 6-6 图像特征提取示意

6.3.4 行人重识别匹配准则

近年来随着研究人员对行人重识别问题的关注，相关的研究取得了丰硕的成果，特别是把特征编码的思想引入行人重识别领域中。在 Candes[107] 方法基础上，Lisanti 等[108] 提出了迭代再加权稀疏排序（Iterative Re-weighted Sparse Ranking，ISR）方法：在每次迭代时，首先通过软性加权（Soft Re-weighting）抑制幅值较小的编码响应系数，将它们的能量重分配以提高鲁棒性；然后再通过硬性加权（Hard Re-weighting）抑制幅值较大的响应码字在下一轮迭代时的作用，以获取尽可能多的可靠排序。在 ISR 方法中，码字的选择是通过加权系数调节的，但在迭代过程中需求解优化问题，这大大增加了计算量。受 ISR 方法启发，本书提出利用局部距离约束性来完成码字的选择，即利用 LLC 近似的快速算法（图 6-7）来完成编码响应系数的选择，可有效地减少计算复杂性，提升运算效率。

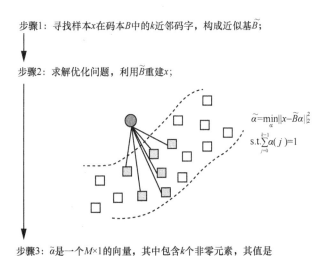

步骤1：寻找样本x在码本B中的k近邻码字，构成近似基$\widetilde{B}$；

步骤2：求解优化问题，利用$\widetilde{B}$重建x；

$$\widetilde{\alpha} = \min_{\alpha} \|x - \widetilde{B}\alpha\|_2^2$$
$$\text{s.t.} \sum_{j=0}^{k-1} \alpha(j) = 1$$

步骤3：$\widetilde{\alpha}$是一个$M \times 1$的向量，其中包含k个非零元素，其值是通过求解步骤2中的优化问题得到的。

图 6-7 LLC 近似快速算法

图 6-8 给出了重建误差计算示意。

行人重识别的目的是判断输入特征 x 属于哪一类别，这是通过获取重建的最小误差来实现的，如下式判别：

$$\text{class}(x) = \min_i e_i 。 \tag{6-5}$$

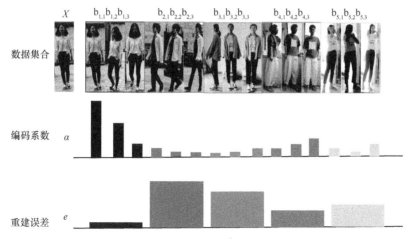

图 6-8　重建误差计算示意

在实际应用中，最理想的情况是误差最小所指的类别是目标应属的正确类别。然而，由于行人重识别问题具有很大的挑战性，正确类别可能并非是误差最小对应的类别，而是位于第二、第三等位置。所以最终的结果是按误差降序排序，排序越靠前的候选人是目标的可能性越大，如图 6-9 所示。

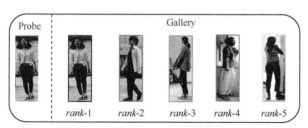

图 6-9　排序示例

6.4　行人重识别实验结果

本节展示了所提出的行人重识别算法在公共数据集上的实验结果，以及所开发的软件系统。为了与当前行人重识别方法进行比较，采用 MATLAB 工具在多个公共数据集上开展了实验。行人重识别实验结果有三种模式：SvsS、MvsS 和 MvsM，是根据单个行人在探测集（Probe Set）和候选集

（Gallery Set）中的先验人体图像数目确定的。单例对单例模式（Single-versus-Single，SvsS）中，目标在探测集和候选集都有一幅图像；多例对单例模式（Multi-versus-Single，MvsS）是指目标在候选集有多幅图像，在探测集中有一幅图像；多例对多例模式（Multi-versus-Multi，MvsM）是指目标在候选集和探测集中均有多幅图像。当前待比较的行人重识别算法有：PRSVM、SDALF、eSDC、ELF、AHPE、SCR、PRDC、ContextB、CPS、RPLM、EIML、MRCG、HPE、SBD 和 COSMATI。行人重识别实验结果的评估指标主要有累计匹配特征曲线（Cumulative Match Characteristic，CMC）和曲线下归一化面积（normalized Area Under the Curve，nAUC）。CMC 曲线由下式定义：

$$CMC(rank - k) = \sum_{i=1}^{k} t_i/N \, , \tag{6-6}$$

式中，N 表示人体的总数，如果所有的推荐排序在第 k 位共有 t_k 个正确匹配，上式 CMC 曲线显示在最终参考的前 k 位排序中，正确匹配的期望值。nAUC 是通过计算 CMC 曲线下的总面积除以候选个体总数的 100 倍而得到的，即：

$$nAUC = \frac{Area(CMC)}{100N} \, 。 \tag{6-7}$$

其表达了算法在所有排序情况下的整体表现。常用的公共数据集有 VIPeR、CAVIAR4REID、ETHZ 和 i-LIDS 数据集。本书所有的实验都是在 Dell T 7610 工作站（32 GB 内存）中进行的。基于本节提出的算法，开发出了可应用的行人重识别系统软件，采用的软件开发环境是 VS2013，开发语言为面向对象的 C++语言，图 6-10 给出了系统的主界面（特别说明：此处的人体再识别系统等同于行人重识别系统）。

系统主要包含以下功能模块：

（1）视频的播放、暂停、快进和快退：选择相应的待测视频进行测试；

（2）目标人的定位及定时、图像截取及保存：当从测试视频中发现人体目标时，用红色矩形框截取图像，截取到的人体图像保存到指定路径；

（3）行人检测：为了监控视频中的图像，需要对候选的测试图像进行行人检测，"人体检测"按钮用来控制检测的开始和停止，检测到的人体保存到指定路径；

（4）行人重识别：对探测视频中的人体图片和候选视频中的人体图片

进行匹配，编码方法中的参数可通过界面进行设置，匹配算法采用本书提出的方法；

（5）显示结果：在测试视频每帧上显示行人重识别匹配后的结果，红色表示暂无匹配到指定的行人，绿色表示匹配到指定的行人；

（6）确定/退出：单击"退出"按钮退出行人重识别系统，单击"确定"按钮可进入人体再识别软件系统中。

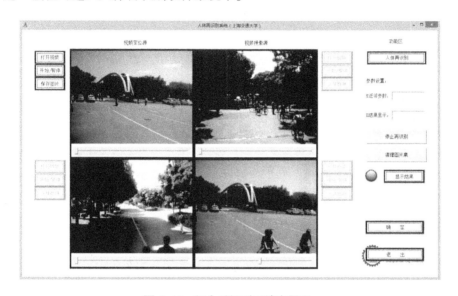

图 6-10　行人重识别系统主界面

下面各小节给出了在不同数据集下的行人检测对比效果，自行采集的一段视频数据集包含行人在姿态、光照、角度等方面的变化，还有背景、遮挡等挑战。

6.4.1　VIPeR 数据集

VIPeR 由 Gray 等创建，是现阶段行人重识别领域中最流行的，同时也是最具挑战性的数据集。此数据集含有来自两个监控相机视图的 632 个行人的图像对，每幅图像的大小为 128 像素×48 像素。由于相机在多个不同场景中，因此拍摄到的人体图像含有光照、角度、姿态和背景等方面的变化，致使跨相机匹配的难度增大。

在此数据集上，标准的实验设置是随机将 632 个行人分为两个不重叠部分，其中 316 个行人图片用于训练，剩下的 316 个行人图片用于测试。由于此数据集每个行人在探测集和候选集中均只有一幅图片，因而只能进行 SvsS 模式的实验，每次随机选取 316 人训练，其余 316 人测试，实验重复进行 25 次。图 6-11 给出了当前各种方法在 rank-50 下的 CMC 曲线（见书末彩插）。从图中可以发现，本节提出的算法优于大部分经典算法，尤其在 rank-1 时的准确率。与当前最好的 ISR 方法相比，在 rank-1 时，准确率差不多，但在时间消耗方面，本节的算法具有明显的优势：ISR 方法测试一幅图片需耗费 0.6 s，而本节方法仅需耗费 0.06 s，仅仅是 ISR 方法的十分之一，因而可以解决行人重识别算法实时性的问题。需要特别说明的是，虽然虚线所示的 PRLM、EIML 和 eSDC 的准确率高于本节提出方法和 ISR 方法，那是因为上述方法的测试样本数目远小于这两种方法。

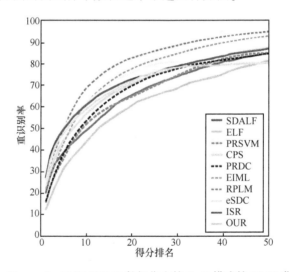

图 6-11　rank-50 下 VIPeR 数据集上的 SvsS 模式的 CMC 曲线

如前所述，在评价行人重识别算法性能时，rank-1 是最理想的状态。表 6-1 对比了各种方法在 rank-1 下的准确率，从表 6-1 中可以看到，本节的方法基本已达到现阶段的最高识别率。值得注意的是，本节的计算时间更短。模型中 k 近邻参数的选取可以依据候选集的大小进行初步选取，或通过实验进行确定。

表 6-1 VIPeR 数据集上的 rank-1 识别率

方法	ELF	PRSVM	PRDC	SDALF	EIML	eSDC	ISR	OUR
rank-1	12.0%	15.0%	15.7%	19.9%	22.0%	26.7%	27.0%	26.5%

表 6-2 和图 6-12 分别给出了参数 k 不同时准确率和时间消耗的变化（见书末彩插）。

表 6-2 VIPeR 数据集上不同 k 值的时间对比

k 值	30	40	45	50	55	60
时间/s	189.7116	207.7884	192.2670	203.0475	194.3613	197.5842

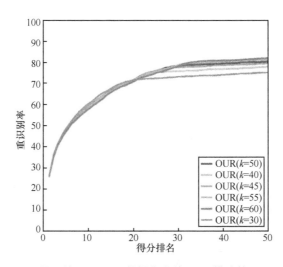

图 6-12 不同 k 值下 VIPeR 数据集上的 SvsS 模式的 CMC 曲线

6.4.2 CAVIAR4REID 数据集

CAVIAR4REID 数据集是专门用来测试行人重识别算法的小型数据集，包含 72 个行人在购物中心的图像，其中 50 个行人来自两台摄像机，22 个行人来自一部相机，每个行人含有 10 幅或 20 幅图片，图片总数为 1220 幅。在此数据集中，分别进行了 2 种模式的实验：SvsS 和 MvsM 模式，参数 $k=$ 50。每种模式下的实验各执行 50 次，最后得到平均结果。在 SvsS 模式中，随机选取每个行人的一幅图片构成探测集，随机选取同一人的另一幅图片构成候选集。图 6-13 给出了进行 50 次实验的平均 CMC 曲线。从图中可以看出，在 rank-19 之前，本书的方法略优于 ISR 算法，大大好于其他所有方法，本节方法的 nAUC（OUR）= 79.4530 好于 ISR 方法的 nAUC（ISR）= 78.9648。特别是在 rank-1 下的准确率，本节方法为 31%，高于 ISR 方法 2%，大大优于其他方法。在测试时间方面，本节方法一幅测试图片需消耗 0.01 s 远小于 ISR 方法的 0.1 s。从上述分析可见，本节的稀疏编码方法在解决行人重识别问题时，可以在速度上获得显著的提升。图 6-13 是 CMC 曲线，表 6-3 给出了各种方法在 rank-1 下的准确率。

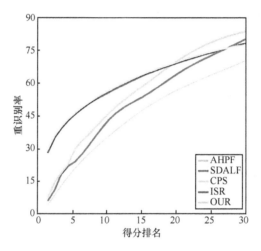

图 6-13　CAVIAR4REID 数据集上 SvsS 模式下的 CMC 曲线

表 6-3　CAVIAR4REID 数据集上 rank-1 准确率

方法（rank-1）	SvsS	MvsM
AHPE	7.5%	7.5%
SDALF	7.0%	8.3%
CPS	8.5%	17.5%
ISR	29.0%	85.8%
OUR	31.0%	90.5%

在 MvsM 模式中，随机选取每个行人的 5 幅图片构成探测集，再随机选取另 5 幅图片构成候选集，参数 N 代表图像数目。图 6-14 给出了 50 次实验的平均 CMC 曲线。从图中可以看出，本节的方法明显优于其他方法。在 rank-1

不的准确率达到了 90.5%，nAUC 值为 99.5335 明显好于 ISR 方法的 96.7748。

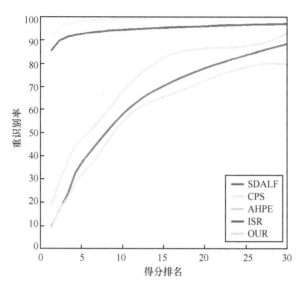

图 6-14　CAVIAR4REID 数据集上 MvsM 模式下的 CMC 曲线　($N=5$)

6.4.3　ETHZ 数据集

ETHZ 数据集含有 3 个子集，记为 ETHZ1、ETHZ2、ETHZ3，本书方法分别在这 3 个子集上进行 SvsS 和 MvsM 模式实验，实验重复进行 25 次，计算平均结果。ETHZ1 子数据集含有 83 个行人的 4857 幅图片，每个行人的图片数目不等，最多 226 幅，最少 7 幅，参数 $k=50$。ETHZ2 子数据集由 35 个行人的共 1961 幅图片组成，每个行人的图片数目 6~206 幅。ETHZ3 子数据集含有 28 个行人的 1762 幅图片，每个行人的图片数目不等，最多 356 幅，最少 5 幅。图 6-15 显示了本书的方法及 ISR 方法的 CMC 曲线。从图 6-16中可以看出，本书的方法略优于 ISR 方法，在测试过程中，本书方法在一幅图片的测试时间为 0.019 s，而 ISR 方法需 0.066 s。由于 ETHZ2 数据集图片数目较少，参数 $k=25$ 应用于实验中。在 ETHZ3 数据集中，参数 $k=25$。图 6-17展示了本书方法及 ISR 方法的 CMC 曲线。本书的方法平均每幅图片测试时间为 0.005 s，而 ISR 方法需 0.01 s。表 6-4 总结了各个方法在 SvsS和 MvsM 模式时的准确率。

·91·

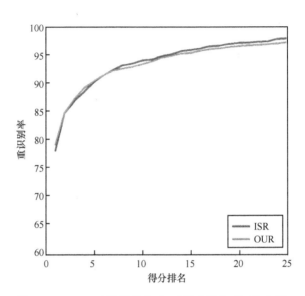

图 6-15 ETHZ1 数据集上 SvsS 模式下的 CMC 曲线

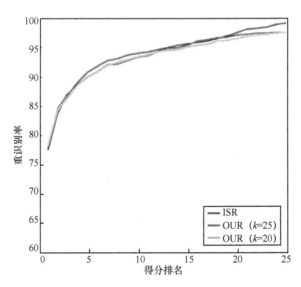

图 6-16 ETHZ2 数据集上 SvsS 模式下的 CMC 曲线

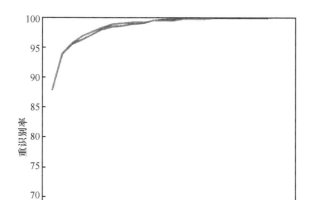

图 6-17　ETHZ3 数据集上 SvsS 模式下的 CMC 曲线

表 6-4　ETHZ 数据集上 rank-1 准确率

	ETHZ1		ETHZ2		ETHZ3	
	SvsS	MvsM	SvsS	MvsM	SvsS	MvsM
	$N=1$	$N=5$	$N=1$	$N=5$	$N=1$	$N=5$
HPE	—	84.0	—	81.5	87.3	82.6
AHPE	—	91.0	—	90.6	—	94.0
MRCG	—	—	—	—	—	—
PLS	79.0	—	74.5	—	77.5	—
SDALF	64.8	90.2	64.4	91.6	77.0	93.7
CPS	—	97.7	—	97.3	—	98.0
EIML	78.0	—	74.0	—	91.0	—
PRLM	77.0	—	65.0	—	83.0	—
eSDC	80.0	—	80.0	—	89.0	—
ISR	78.1	99.8	77.6	100.0	87.9	100.0
OUR	79.1	100.0	78.3	100.0	88.0	100.0

6.4.4　i-LIDS 数据集

i-LIDS 数据集拍摄于机场大厅，包含来自 4 个摄像头拍摄到的 119 个行人的共 476 幅图片。在此数据集上，进行了 SvsS 和 MvsS 实验各 25 次。图 6-18 和图 6-19 给出了相应实验结果的 CMC 曲线，需要注意，虚线所示的方法为基于学习的方法，需要用到一部分数据进行训练，其中 SBDR 和 PRSVM 方法分别只测试了 119 个行人中的 80 个和 108 个。

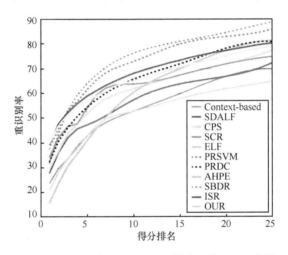

图 6-18　i-LIDS 数据集上 SvsS 模式下的 CMC 曲线

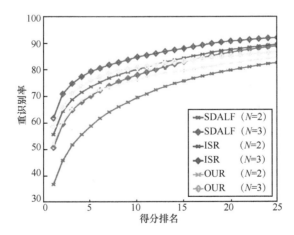

图 6-19　i-LIDS 数据集上 MvsS 模式下的 CMC 曲线

对于 SvsS 模式，本书的方法效果很好，虽然 SBDR、PRSVM 和 PRDC
方法表现出众，但它们是监督学习的方法，需要训练样本，因而不做严格比
较。和同类型的 ISR 方法相比，本书方法在 rank-1 下的精度相同，但测试
一幅图像的时间仅是 ISR 方法的五分之一。在 MvsS 模式下，对 119 个行人
随机选取一幅图像加入探测集，随机选取 N 幅图像加入候选集，结果中无
论选出 N 幅中的哪一幅，均算匹配成功。本书方法优于 SDALF，逊于 ISR
方法，但本章所提算法的优势是大大缩短了测试时间。表 6-5 显示了各种
方法在 i-LIDS 数据集上的 rank-1 识别率。

表 6-5　i-LIDS 数据集上的 rank-1 识别率

方法	SvsS	MvsS（$N=2$）	MvsS（$N=3$）
ELF	16.0	—	—
AHPE	21.0	—	—
ContextB	24.0	—	—
SDALF	28.0	36.5	50.5
CPS	29.5	—	—
PRSVM	32.0	—	—
PRDC	32.6	—	—
SCR	34.5	—	—
SBDR	37.7	—	—
ISR	39.5	55.0	62.0
OUR	39.5	52.0	58.5

6.4.5　校园采集数据集

为了验证本书提出的基于图像特征编码的行人重识别方法在真实场景中
应用的效果，本课题研究人员在上海交通大学（闵行校区）内采集了三段视
频集，包含较大的光线变化、场景和角度变化等。与公共数据集不同的是，
本课题组自行采集的数据集更符合实际应用场景。为了清晰地阐述本书的工
作，图 6-20、图 6-21 和图 6-22 给出了本书设计的登录界面及截取图像效果

图。在视频 1 中，出现行人目标的时间段为：03：36~04：15（39 秒后，渐渐远离摄像机）及 04：46~05：21（35 秒后，渐渐靠近摄像机），共检测到 5729 幅行人图像，其中 487 幅为目标图像；在视频 2 中，出现行人目标的时间段为：00：43~01：06（共 23 秒）及 02：55~03：01（共 6 秒），共检测到 23 472 幅图像，其中 71 幅为目标图像；在视频 3 中，出现行人目标的时间段为：00：14~01：51（共 97 秒），共检测到 3861 幅图像，其中 364 幅为目标图像。目标在视频中的移动轨迹在图 6-23 中通过红色线条显示，图 6-24 给出了目标人体图像（见书末彩插）。表 6-6 汇总了三段视频集的数据。

图 6-20　软件登录界面

图 6-21　截取图像提示框

a　　　　　　　　　　　　b

图 6-22　图像截取与结果显示

视频1
拍摄时间：2015/05/23 13:57
拍摄地点：上海交通大学思源门
视频时长：00:05:53
画面宽度：1024 pixels
画面高度：768 pixels
视频帧率：15 fps
位 深 度： 8 bits

视频2
拍摄时间：2015/05/23 13:11
拍摄地点：上海交通大学
　　　　　第一餐饮大楼旁
视频时长：00:05:13
画面宽度：1024 pixels
画面高度：768 pixels
视频帧率：15 fps
位 深 度： 8 bits

视频3
拍摄时间：2015/05/23 14:31
拍摄地点：上海交通大学东下院
视频时长：00:05:05
画面宽度：1024 pixels
画面高度：768 pixels
视频帧率：15 fps
位 深 度： 8 bits

图6-23 自行采集三段视频数据集详细信息

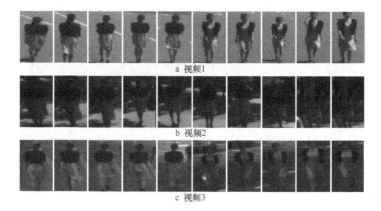

a 视频1

b 视频2

c 视频3

图6-24 三段视频集中目标人体图像

表6-6　自行采集视频数据集行人检测结果信息

视频	行人检测图像总数	识别目标图像总数	目标占比
视频1	5729	487	8.50%
视频2	23 472	71	0.30%
视频3	3861	364	9.43%

（1）从视频1中人体匹配识别视频2中人体

从自行采集的视频1中再识别视频2中的目标，相比于视频3，视频2与视频1的差异更大，实际上在三段视频中，视频1的拍摄环境最为明亮，视频2的拍摄环境最为阴暗，从图6-25中的前2行即可发现同一目标在非同时、非同地的两段监控视频中存在的差异，受各种因素的影响，类内差异远大于类间差异在实际中是极可能发生的。图6-25给出了从视频1中人体匹配识别视频2中人体的实验结果，通过本章提出的行人重识别方法计算得到的前50位分类排序中，共有9幅图像为识别正确。在前10位分类排序中，共有4幅图像识别正确，虽然在rank-1中没有匹配到本人，但在rank-2和rank-3中均识别正确。

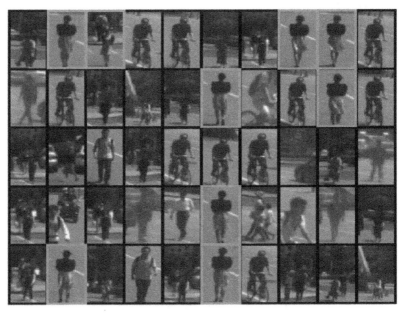

图6-25　行人重识别实验结果（Probe：视频2，Gallery：视频1）

（2）从视频 1 中人体匹配识别视频 3 中人体

视频 3 的数据集拍摄于教学楼门口，行人密集且获得的行人图像容易受光线、树木和周围建筑的影响，背景较为复杂。从视频 1 数据集中识别视频 3 数据集中的人体有些挑战，图 6-26 给出了匹配的实验效果，从图中可以看到，在前 50 位分类排序中，共有 33 幅图像识别正确，在其中的前 10 位分类排序中，有 6 幅目标图像匹配正确，且在 rank-1 成功识别到目标人体图像。

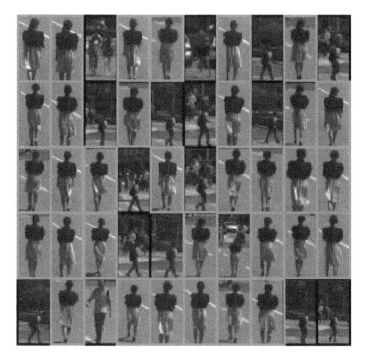

图 6-26 行人重识别实验结果（Probe：视频 3，Gallery：视频 1）

（3）从视频 2 中人体匹配识别视频 3 中人体

视频 2 数据集拍摄于上海交通大学第一餐饮大楼旁，人流非常密集，人体图像多种多样，人体数目庞大且拍摄时的光线较暗、背景及遮挡严重。除此之外，目标人体图像在视频 2 数据集中占比非常低且数量有限。图 6-27 给出了在前 50 位分类排序中，共有 3 幅目标人体图像识别正确，其中，在 rank-1 匹配的结果是正确的，需要说明的是目标人体图像只占候选人体图像总数的 0.3%。

图 6-27　行人重识别实验结果（Probe：视频 3，Gallery：视频 2）

6.5　总　结

　　本章提出了一种新的行人重识别算法并实现了整个行人重识别系统：在行人检测方面，采用了 HOG+SVM 方法；在人体图像特征提取方面，提取了颜色直方图特征和 HOG 特征并利用了金字塔技术以获得更具判别性的特征；在匹配识别方面，本章借鉴了 LLC 编码技术并做了变换，然后利用编码响应系数对原始图像进行重建，通过重建误差的大小来完成行人重识别任务。为了验证本章方法的效果，在多个公共数据集上进行了实验。最后，依据本章行人重识别算法开发了行人重识别系统软件用于实际环境中。

第七章 目标检测与跟踪

7.1 传统的目标检测与跟踪方法

7.1.1 传统的目标检测方法

传统的目标检测方法主要以特征提取与分类器相结合的方法完成目标的定位和识别。其主要由三部分组成：目标定位、特征提取和特征分类。目标定位主要是在图片上获取对应分类目标的位置，而传统的目标定位方法主要通过滑动窗口来获取。以固定大小的滑动窗口在图片上进行滑动，每滑动一次，就会得到对应滑动窗口大小的图像块，随后对该图像块进行特征提取。自然场景下目标的尺寸具有多变性，为减少固定滑动窗口带来对目标位置大小获取准确性的影响，多尺寸的滑动窗口随之出现。在获取目标的候选区域即滑动窗图像块之后，每个图像块都会被送入特征提取环节完成目标特征提取。传统的特征提取主要以梯度方向直方图（Histograms of Oriented Gradients，HOG）及尺度不变特征转换（SIFT）和光照不变性特征提取算子为主，图 7-1 展示了传统的目标检测方法提取流程。

图 7-1 传统的目标检测方法提取流程

其中 HOG 特征主要是计算图像块中像素的梯度，从而得到图像块的 HOG 特征信息，详细描述如下：①图像块提取：通过给定大小尺寸的 Patch（图像块）对图像进行切分，并且通过重叠（Overlap）及非重叠

（Non-Overlap）两种方式实现 Patch 的提取；②图像块特征提取：先通过索贝尔（Sobel）或拉普拉斯（Laplacian）等算子对输入的图像块进行像素梯度及幅值的计算，然后将像素的梯度方向划分成多个区域，根据线性内插值及像素梯度方向对应的块进行幅值的叠加，最后通过将每个图像块中较小的 HOG 特征进行首位拼接从而得到图像的 HOG 特征。而 SIFT 则是通过构建高斯差分（Difference of Gauss，DoG）尺度空间、关键点搜索定位、关键点方向的求取及通过方向生成特征点描述 4 个步骤完成对目标 SIFT 特征的获取，对 4 个步骤进行详细描述如下：①构建 DoG 尺度空间：通过高斯金字塔来生成不同尺度变换的图片并对相邻帧进行差分计算从而构造出尺度空间，然后采用高斯微分函数在各图像位置中找到潜在的尺度不变及旋转不变的关键点（极值点）；②关键点搜索定位：在每个候选关键点位置上通过拟合精细的模型对关键点进行定位，该环节主要根据它们的稳定程度；③关键点方向的求取：计算出图像局部的梯度方向，对每个已选择的关键点进行方向分配，而后续所有图像变换都是根据关键点的方向进行变换，从而得到变换的不变性；④生成特征点描述：以一定范围在关键点周围选取邻域，并计算该尺度图像局部的梯度，经过转换后，该梯度被转换成一种表示，该表示能在局部形变加大且有关照变换的条件下完成。

SIFT 特征具有以下 5 个特性：①由于 SIFT 是局部特征，因而对图像旋转、尺度变换、亮度变化不变性的要求较低且在视觉变换、仿射变换及噪声等有一定的稳定性；②SIFT 具有显著性，能容易地在海量的特征信息中提取；③SIFT 丰富多样性，在少数的物体上也可以得到大量的 SIFT 特征信息；④快速性，SIFT 特征的提取虽然需要经历 4 个步骤，但经过优化的 SIFT 能达到实时特征提取的要求；⑤兼容性，SIFT 特征容易与其他形式的特征进行拼接融合。根据上述的特征描述，SIFT 特征能在目标出现旋转、缩放、平移、图像仿射、光照变换、目标遮挡、前景与背景相似、外界噪声干扰场景具有良好的判别性能。

获取目标图像块的特征描述器（Feature Description）后，将特征描述器送入经过离线训练好的分类器进行分类。而分类阶段主要采用 SVM 和 AdaBoost 两种分类器，SVM 本质是一个线性分类器，通过最大化最相近的两个样本点构造超平面来实现对两个样本的分类。AdaBoost 是一种集成学习的方法，通过自适应样本的权重来训练每个弱分类器，并将每个弱分类器组成强

分类器，在最后的强分类器中根据误差大小来变换弱分类器的权重从而达到最优的分类。

在完成目标定位、特征提取和特征分类 3 个任务后，一张图片中存在的目标都会被分类且定位，而一般情况下，检测的结果都会以矩形框的形式在图片中显示出来。

7.1.2　传统的目标跟踪方法

目标跟踪方法主要是为了在相邻图像帧中找到相同的感兴趣的目标的运动位置。传统的目标跟踪方法主要源于研究员把具有数据关联的贝叶斯理论引入目标跟踪；随后的卡尔曼滤波实现对目标的运动进行建模，估计目标在下一图像帧的位置；而粒子滤波的出现将概率密度知识带入目标跟踪。此外，还有基于特征点对目标运动进行建模的方法，如光流跟踪器。

后来，信号处理的引入使得基于相关滤波的目标跟踪方法得到突破，其中均方误差滤波最小输出总和（Minimum Output Sum of Squared Error Filter，MOSSEF）是最早的相关滤波方法，而核循环结构（Circulant Structure of Tracking-by-detection with Kernels，CSK）的提出将目标跟踪方法转变成能完成实时任务的处理。由马丁（Martin Danelljan）提出的经典的相关滤波器代表作核相关滤波器（Kernelized Correlation Filter，KCF），通过构建循环矩阵对输入的样本进行循环变换并得到许多正样本，随后通过正样本对其卷积核进行训练，训练后的模型在下一图像帧中通过卷积得到响应最大的候选区域则视为跟踪的目标，核化的相关滤波技术在 KCF 中明显提升算法运行的速度。后续提出的判别性尺度空间跟踪器（Discriminative Scale Space Tracker，DSST）解决了多尺度目标跟踪的问题，而现阶段的空间性正则化相关矩阵（Learning Spatially Regularized Correlation Filters for Visual Tracking，SRDCF）及深度空间正则化相关矩阵（Convolutional Features for Correlation Filter Based Visual Tracking，deep-SRDCF）都是基于相关滤波的目标跟踪方法。

Kala 提出了跟踪学习检测方法（Tracking Learning Detection，TLD）解决长时间目标跟踪的问题并将跟踪任务视为分为 3 个阶段：检测阶段、跟踪阶段和学习阶段，如图 7-2 所示。在跟踪（Tracking）部分中，Kala 采用了光流中值跟踪器实现对目标位置的估计，先对初始跟踪目标进行关键点描述，然后通过当前帧关键点估计下一帧目标的关键点，再通过下一帧的关键点与当前帧关键点的误差确定一下帧目标的位置。而学习（Learning）部分则是 TLD 中的关键部分，主要根据已知的跟踪目标在当前的候选框中选取一定数量的候选框作为正负样本从而训练检测部分的分类器，再根据分类出来的目标候选框更新最后的跟踪目标。在检测（Detection）部分，通过滑动窗口获取目标图像块后对图像块进行分类，检测部分则是由 3 种不同的分类器集成得到，分别设置 3 层分类器：图像灰度方差分类器、Fern 特征+随机蕨分类器、最近邻分类器，通过 3 层分类器最后得到一定数量的目标候选框。

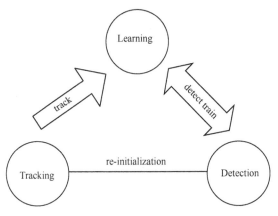

图 7-2　TLD 方法框架

此外，牛津大学的博士生 Luca Bertinetto 等人提出的 Staple 算法（Staple：Complementary Learners for Real-Time Tracking）通过设定一个卷积核来在当图片帧中进行卷积，得到最高的响应区域则为目标区域。同时，解决 KCF 存在的目标框固定不变的问题。根据当前的算法性质进行区分，传统的目标跟踪算法主要分为生成式方法和判别式方法。生成式方法的目标跟踪主要是通过计算候选目标的最小重构误差来判定最后的跟踪目标，稀疏编码（SC），局部无序跟踪（Locally Orderless Tracking，LOT），判别区域跟踪（Distribution Fields for Tracking，DFT）及增长式跟踪（Incremental Learning for Robust Visual Tracking，IVT）；判别式方法的目标跟踪主要是通过训练一个分类器来区分前景和背景，包含基于相关滤波的目标跟踪算法。

7.2　基于深度学习的目标检测与跟踪

相较于传统目标检测算法，近些年，由于 Geoffrey E. Hinton 提出的卷积神经网络让目标检测任务从传统的通过分阶段特征提取及分类发展到仅需卷积神经网络就能同时完成对目标的特征提取与分类，使得基于深度学习的检测算法得到飞速发展。基于深度学习的目标检测主要由单阶段检测算法、二阶段检测算法及无候选框（Anchor Free）检测算法组成，其框架如图 7-3 所示。

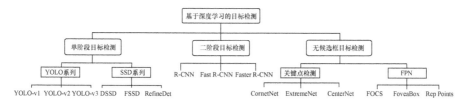

图 7-3　基于深度学习的目标检测框架

7.2.1　基于深度学习的目标检测算法

7.2.1.1　单阶段检测算法

单阶段检测算法主要由 YOLO（You Only Look Once）系列算法及 SSD（Single Shot MultiBox Detector）系列算法组成。YOLO 系列算法一共有 3 个升级的版本，分别是 YOLO-v1（YOLO：Unified，Real-Time Object Detection），YOLO - v2（YOLO9000：Better，Faster，Stronger）及 YOLO - v3（YOLOv3：An Incremental Improvement），YOLO 系列中的三个版本都是基于通过卷积神经网络提取的特征图，在特征图上以一定大小进行网格切分，在每一个网格中估计类别，根据置信度获得目标的位置并通过对网格计算出最后目标候选框的大小。在 YOLO-v3 中除了对特征提取网络做进一步加深外引入了 K-means 对训练的样本进行聚类并最后选取 9 种大小的候选框进行候选目标的特征提取。而 SSD 算法则是为了解决 YOLO 中的目标在进行目标候选框提取时，特征图的尺寸是固定的问题，因而采用多特征图进行目标候选框的选取，SSD 算法是开创了通过多尺度特征进行目标检测的先河，后续的许多工作也是基于 SSD 做了许多的改进，比如：DSSD（Deconvolutional Single Shot MultiBox Detector）、FSSD（Feature Fusion Single Shot Multibox Detector）、RefineDet（Single-Shot Refinement Neural Network for Object Detection）。

7.2.1.2 二阶段检测算法

二阶段检测算法主要包含 R-CNN 系列算法，主要方法有 R-CNN（来源于 Rich feature hierarchies for accurate object detection and semantic segmentation），Fast R-CNN 及 Faster R-CNN（来源于 Faster R-CNN：Towards Real-Time Object Detection with Region Proposal Networks）。R-CNN 主要是将候选区提取及候选区域的分类分成 2 个阶段，主要通过选择性搜索的方法对输入的图像进行超像素合并，并产生疑似目标的子区域，再将子区域进行合并同时找到可能存在目标的区域，子区域的产生是基于图像，在得到疑似目标区域后通过 SCM 或 CNNs 对目标进行分类。随后 Fast R-CNN 引入 ROI Pooling 替换 R-CNN 中的 SPP 及变换了损失函数。为了进一步提升候选目标的选取速度，Faster R-CNN 引入 RPN（Region Proposal Networks）并将 RPN 直接应用在通过 CNN 得到的特征图，通过特征图直接获取目标候选区域。总体而言，R-CNN 系列的文章都是基于二阶段的目标检测，将目标的候选区域的提取以及目标的分类视为 2 个阶段完成。Faster R-CNN 方法主要在以下 4 个方面做了深入研究：①通过基础的卷积、激励及池化构成的网络进行特征提取且该过程的特征图与后续的 RPN 网络进行共享；②采用 RPN 网络进行目标候选框的生成并采用 softmax 函数对其进行前景和背景的分类；③采用 ROI Pooling 进行目标候选框的特征提取；④采用仿射变换对确定类别的目标候选回归框映射回图像坐标中。总体而言，Faster R-CNN 的出现把目标检测方法带入新的研究方向且稳定的检测性能使其在实际生活中应用比较广泛。

7.2.1.3 无候选框检测算法

无候选框检测算法主要是考虑到目标候选框在检测的过程中仍然存在不准确问题，从而采用通过点描述的方式确定疑似目标区域的位置。在无候选框检测算法中还分为 2 类：一类是基于关键点检测，然后根据关键点确定目标候选框的位置，如 CornetNet、ExtremeNet 及 CenterNet；另一类是以特征金字塔（Feature Pyramid Networks for Object Detection，FPN）为主，通过改变对候选区域的编码方式从而完成对目标区域的估计，主要的研究文章有 FCOS（来源于 FCOS：Fully Convolutional One-Stage Object Detection）、FoveaBox（来源于 FoveaBox：Beyond Anchor-based Object Detector）、RepPoints（来源于 RepPoints：Point Set Representation for Object Detection）等。CenterNet 将目标检测问题转变为估计点的问题，估计点则是回归框的中心点，通过估计回归框的中心并在得到中心点后再进行回归框宽高、方向等属性的回归，相较于一阶段、二阶段的目标检测技术，CenterNet 无须通过预设锚点进行 anchor 选取并实现 anchor 的前景和背景分类的过程，从算法本质降低了计算成本。因而，CenterNet 能在确保精度的情况下有较高的运行速度。而 FCOS 方法主要在如下几个方面做了深入研究：①将检测与其他通过全卷积完成的任务进行合并；②通过转变目标检测任务为一个无目标候选框的任务极大地减少模型的参数，以及避免复杂的重叠面积计算环节；③FCOS 方法可以作为一个候选框生成的方法应用到基于候选框的目标检测方法中。

7.2.2　基于深度学习的目标跟踪算法

基于深度学习的目标跟踪算法主要由多领域卷积神经网络学习（MDNeT）（来源于 Learning Multi-domain Convolutional Neural Networks for Visual Tracking）系列算法及近些年取得不错成绩的孪生网络（Siamese-Net）系列算法组成。

7.2.2.1　MDNet 系列跟踪算法

多域学习网络（MDNet）是由韩国的 POSTECH 团队在 2015 年提出的目标跟踪算法，该算法在当时的目标跟踪（VOT）公开比赛中拿到了第一名的好成绩。多域学习网络主要由一个变形的大尺度图像识别深度卷积网络（Very Deep Convolutional Networks for Large-Scale Image Recognition）神经网络对不同视频序列进行特征提取且同时学习视频序列中的共性，主要解决跟踪目标在多视频序列中可能是前景或者背景的问题，并且若目标在该视频中作为前景，在另一视频中作为背景则会影响网络对跟踪目标的学习，但对视频序列的共性进行学习会避免先前提及的前景及背景问题。随后作者通过对输入的 6 段视频序列进行正负样本的提取以供网络进行特征提取及学习，而目标跟踪问题其实是前景与背景的二分类问题，因此网络的前期主要实现的是深度特征的提取，该过程不同分支权重共享；而在最后的多域全连接层进行分类，主要区分当前的目标在该域（视频）中是前景还是背景。跟踪阶段，多域学习网络需要用混合高斯模型在图像中提取一定数量的目标候选框（Candidate），通过网络进行分类判定其是否为前景，然后以 8 帧图像作为间隔对正、负样本模板进行更新且主要针对置信度小于 0.5 的目标进行更新。

多域学习网络提出之后，许多针对目标跟踪的多域学习网络变形的算法开始出现如 RTMDNet（Real-Time MDNet）及 Faster-MDNet。韩国的 POSTECH团队在两年后对先前提出的多域学习网络进行优化升级并提出了针对实时目标跟踪的实时多域学习网络（Real-Time MDNet），主要针对先前多域网络学习的速度慢且基于实例层面的分类不能满足当前实时跟踪的要求并提出一个改进型的 ROI-Align 模块及实例嵌入损失函数，而 ROI-Align 中分为原始的 ROI-Align、适应性的 ROI-Align 及密集特征图 3 部分，这 3 部分主要作用是获取更多样的深度特征以提升跟踪的性能。随后，长春理工大学的王玲等主要针对 MDNet 无法完成实时跟踪且在卷积层采用的是选择性搜索进行候选框生成等问题，提出了通过采用当前目标检测领域中著名的 Faster R-CNN 检测算法替换体征提取及候选框生成的过程，同时通过优化损失函数、完全共享图像卷积特征及在 RPN 网络后加入感兴趣区域对齐（ROIAlign）方法对提取的候选区域的特征图进行双线性插值以提高候选框的分辨率方法实现了更精准的跟踪。

7.2.2.2　Siamese-Net 系列跟踪算法

2016 年是目标跟踪领域中的一个新基点，随着牛津大学的博士生 Luca Bertinetto 等人在 VOT 公开目标跟踪挑战赛中提出孪生网络算法，通过双分支卷积神经网络实现模板匹配来解决目标跟踪问题的方法在目标跟踪领域正式成为一个新的研究方向。而 Luca Bertinetto 将人脸匹配的思想引入目标跟踪领域，通过卷积神经网络对初始的目标图片进行特征提取并在后续的跟踪过程中完成对候选目标的特征提取及匹配，并输出最后得分较高的作为跟踪目标。而随着大量科研工作者都开始从事孪生网络跟踪的研究，许多优秀的基于孪生网络的目标跟踪算法不断涌现，例如：SiamFC（Fully-Convolutional Siamese Networks for Object Tracking）、Siam-Mask（Fast Online Object Tracking and Segmentation：A Unifying Approach）、SiamRPN（High Performance Visual Tracking with Siamese Region Proposal Network）、SiamRPN++（SiamRPN++：Evolution of Siamese Visual Tracking with Very Deep Networks）、SiamFC++（SiamFC++：Towards Robust and Accurate Visual Tracking with Target Estimation Guidelines）等，其中来自商汤科技开发有限公司的 SiamRPN++取得当前公开单目标跟踪比赛 VOT 的第一名。SiamRPN++主要针对的问题有 4 个：①先前孪生网络的特征提取器基于浅层网络的问题；②如果候选框没有严格遵守平移不变形会影响组后的模板匹配结果；③通过深层网络实现特征提取会依赖于该网络层及特征图的信息；④两分支网络通过卷积计算每个特征图的响应的过程中，分支通道数的不对称会加大训练的难度及增加网络的不稳定性。并提出对应的解决办法：①加入残差学习网络 ResNet（如 Deep Residual Learning for Image Recognition）、Inception（如 Going Deeper with Convolutions）等的深度网络；②以目标为中心在周围进行均匀偏移进行采样以解决目标偏移问题；③加入多特卷积层的特征融合以丰富目标的特征；④引入纵向卷积的思想，对每一个通道进行相关性计算。SiamRPN++引入了 RPN 的思想并加以升级最后达到最优的跟踪效果，但该方法的复现难度相对较大。相较于基于深度学习算法的目标跟踪在应用方面要弱于传统的目标跟踪技术。

7.3 多种颜色特征提取

本节将 RGB 和 LAB 颜色特征相结合。由于亮度的影响，主要采用 5 种通道的颜色特征，即 RGB 的 3 个通道（R，G，B）和 LAB 的 2 个通道（A，B）的特征，再通过 YOLO-v2 获取的候选目标回归框，减少背景信息的干扰。给定一个候选目标回归框，我们假设物体的高度为 h，宽度为 w，然后，设置 $a=w/2$ 和 $b=h/2$。研究员选择回归框的中心点作为原点。$f(x, y)$ 表示点 (x, y) 的像素值，公式如下：

$$f(x, y) = \begin{cases} f(x, y), & \dfrac{x^2}{a^2} + \dfrac{y^2}{b^2} \leqslant 1 \\ 0, & 其他 \end{cases} \qquad (7-1)$$

$$g(x) = \frac{1}{\sqrt{2\pi}\sigma}e^{\frac{(x-\mu)^2}{2\sigma^2}} 。 \qquad (7-2)$$

对于内接椭圆区域，以 0.55 的比例将候选目标框分成上半部分和下半部分。在上半部分，我们分成 4 个相等的条纹，并把头部作为第一个条纹。由于前景和背景之间的巨大差异，我们舍弃第一条条纹。根据每条条纹中的像素值使用高斯密度函数［式(7-2)］来改变每个像素点的权重。在下半部分，我们把这部分在垂直方向上分成 2 条条纹。行人的小腿部分正面和侧面成像变化较大且包含很多背景信息。因此，我们只采用下半部分的第一条条纹。此外，我们没有采用高斯分布函数对该部分进行特征提取，而是直接将 RGB 和 AB 通道的颜色特征拼接起来。而且，为避免部分区域重叠的候选目标回归框在特征提取上出现重复操作，将每个条纹在水平方向上分成 2 个块，分别提取颜色特征。我们使用 6×6×6 的立方体来存储 RGB 特征，使用 15×15×3 的立方体来存储 AB 特征；在提取特征后，将每个块提取的特征转换为向量。然后，将所有块的特征向量连接在一起就能得到候选目标回归框的颜色特征描述符。

每一帧图像经过 YOLO-v2 会输出不等数量的候选目标回归框，部分候选目标回归框与跟踪的目标重叠面积大，同时也存在一部分无作用的回归框；如果不添加预处理模块，所有候选目标回归框都会被传入队列匹配中计算，这无疑增加算法的计算量而且还影响匹配队列的结果。因此，我们添加一个候选目标回归框预处理模块，以消除无意义的候选目标。

假设图像的高度为 H，当前计算的候选目标回归框的高度为 h，同时图像的宽度为 W，该回归框的宽度为 w。我们设置当前计算的候选目标回归框的左上点为 (x_i, y_i)，前一目标跟踪回归框为 (x_{i-1}, y_{i-1})，进行过滤判断的公式如下：

$$(x_i - x_{i-1})^2 + (y_i - y_{i-1})^2 \leqslant \left(h_i \times \frac{h_i}{H}\right)^2 + \left(w_i \times \frac{w_i}{W}\right)^2, \ 0 \leqslant i \leqslant n-1。$$

$$(7-3)$$

将候选目标回归框送入队列进行匹配是队列匹配的关键过程。我们构建一个队列来存储跟踪目标特征描述符，如图 7-4 所示。根据重构误差，选取当前进入队列匹配的候选目标回归框中的任一目标作为跟踪目标且决定是否更新队列。

图 7-4　特征队列

在初始帧中人工给定一个跟踪对象，随后进入自动跟踪状态。每从无人机摄像头获取一帧图像，经过候选目标回归框预处理模块过滤后得到的回归框就会被逐一送入队列配准并在短时间内计算该候选目标回归框和队列中所有特征描述符之间的欧氏距离。然后，选择最相似的特征描述子并记录匹配次数。如果匹配的时间超过当前队列长度的50%，算法会将该回归框送入队列判断环节。

同时，当匹配次数大于队列当前长度的80%，该候选目标回归框的特征描述器将会直接被送入特征队列中。在当前队列的大小达到最大限度时，如15，不会将任何特征描述器从队列中推出。一旦达到队列的最大限度，特征描述器入队的规则将会发生变化。假设矩阵 y 作为当前图像的特征描述子，矩阵 C 由当前队列的特征描述子组成。利用 LLC 准则[66]求出矩阵系数，用 L_2 范数替换 L_1 范数，公式定义如下：

$$\min_{\alpha} \| y - C \cdot \alpha \|_2^2 + \lambda \sum_i \left[\alpha_i \cdot \exp\left(\frac{\| y - C_i \|_2}{\sigma} \right) \right]^2, \quad \text{s. t. } \mathbf{1}^T \alpha = 1,$$

$$(7-4)$$

式中，λ 控制稀疏度及 σ 用于调整局部适配器的衰减速度。然后得到响应系数向量 α 并计算重建误差 e：

$$e = \frac{\| y - C \cdot \alpha \|_2}{\| y \|_2}。$$

$$(7-5)$$

计算每一目标候选回归框的重建误差，选择重建误差最小的目标候选回归框作为跟踪目标。此外，如果当前的目标候选回归框的重建误差足够小，例如在3%~50%，其特征描述器会被直接送入特征队列中。为在图像帧中得到最佳的跟踪目标，我们计算许多误差，并从中选择重构误差最小的作为跟踪目标同时能保证队列中的特征描述器随着图像帧的变动而更新。跟踪模块能够接收摄像头回传的图像，当目标出现丢失且算法无法从图像中找到合适的跟踪目标，前一跟踪目标将被作为当前帧的跟踪目标。

7.4 目标检测与跟踪在实际场景中的应用

目标检测与跟踪的目的是在视频或图像中搜寻和定位目标，它是计算机视觉研究领域的重要研究方向。在目标检测跟踪系统中，早期传统的目标检测跟踪方法是利用特征和分类器的模型判别一幅图片的窗口区域是否包含目标。近几年，随着深度学习方法的广泛应用，研究人员已经构成了端到端的深度网络,提出了基于深度学习的目标检测跟踪方法,极大提高了目标检测跟踪任务的精度和速度。

7.4.1 目标检测在实际场景中的应用

目标检测是计算机视觉中的主要研究基础,现实生活中的许多计算机视觉应用都用到目标检测技术,如视频监控、医疗诊断、生活体验等方面。视频监控中应用目标检测技术主要集中在安防领域,比如行人检测、车辆检测、烟火检测、安全帽检测、抽烟检测等方面。图片来源的硬件平台主要是摄像头,通过摄像头获取的数据在后端及训练好的模型进行目标检测,能极大降低人力成本,在完成如行人检测或者车辆检测后,可以根据对应的结果完成后续的任务。如行人的行为分析及交通的监控或调度;烟火检测主要是通过摄像头回传的照片进行烟雾检测,从而提前判断该地方是否着火,从而减少火灾造成的损失;安全帽检测则是对在施工人员进行安全帽的检测,主要是确保施工人员在受到有效保护的情况下安全完成自己的工作任务,目的是保护施工人员的生命安全;抽烟检测主要针对司机,通过公路上的电子摄像枪对过往的车辆进行拍照并对驾驶机动车的司机进行抽烟检测,主要是防止因为司机抽烟导致交通事故的出现以确保在驾驶机动车过程中对自己负责及对附近过往车辆内的生命安全负责。目标检测技术在实际视频监控中应用较多,几乎每个涉及摄像机的任务都用到了目标检测技术。

在医疗诊断方面应用目标检测技术是近些年的热门应用;通过前期对目标图片的病理或病灶的检测能大大节省医生的人力成本同时还能加快效率。如当前对女性乳腺癌影像的分析和判断主要用到了目标检测技术,最新由谷歌公司提出的乳腺癌检测深度学习模型还击败了 6 名全日制的放射科医生,虽然该公司的成果目前仍以科研论文的形式出现,但现实生活中的一些基础医疗影像判断中已经采用了相关目标检测技术。但目标检测技术对部分需要通过医疗经验判断的病理仍然没有达到很好的效果,这也是当前目标检测技术没有完全替代人力的原因之一。

生活中目标检测技术主要在商品检测识别、身份证检测识别、车牌检测识别等方面。商品检测识别通常是品牌商通过购买相关商品检测模型让线下工作人员对该公司的商品或者竞品进行统计从而修改下阶段的

销售模式；身份证检测识别主要体现在乘坐火车或高铁等交通工具的自动检票机，检测模型对目标的人脸进行检测及身份证的人脸或信息进行检测提取后，结合后台的数据库进行匹配完成乘车人身份检查；而车牌检测识别通常在停车场的自助收费环节完成，当车辆进入停车场时，门前的摄像机会对车辆进行拍照并通过车牌检测技术完成车辆的车牌检测，同时将获取的信息存入数据库中，当车辆驶出停车场时，系统会采取同样的车牌采集技术获取车辆信息并通过调用后台信息库进行收费计算。这些基于生活便利的应用的根本目的是通过计算机视觉技术完成对人力成本的降低，同时还提高了工作效率。

7.4.2 目标跟踪在实际场景中的应用

当前，目标跟踪技术的实际应用场景有：视频监控、视觉导航、医疗诊断、虚拟现实等。视频监控中应用目标跟踪技术最为广泛，主要服务于相关安防工作及交通调度工作，现阶段国内在安防领域应用目标跟踪技术最为广泛的公司有浙江大华、海康威视等，它们主要将目标跟踪技术应用到高清摄像头等硬件设备，在实现目标跟踪后通过行为判断出目标的下一动作、通过动作分析该目标是否在做危险行为、通过姿态分析实现对特定行人的特征模板建立。除了对整个人体的跟踪，还可以完成对人脸跟踪、手部跟踪、头部跟踪等不同躯干部位的跟踪。

根据对象的不同，目标跟踪的作用也会随之改变，在交通调度方面，目标跟踪的对象就是车辆，交通指挥所可以根据目标车辆的跟踪对当前的交通状况进行调度。在视觉导航中应用目标跟踪技术主要的硬件载体是机器人，以机器人视觉完成对自身以外的目标进行跟踪也是当前计算机视觉任务中比较受欢迎的研究方向，相较于视频监控而言，视觉导航的要求相对会更加高，需要机器人对周围的场景进行建模，然后再通过视觉传感器对目标进行跟踪且多数用于拍摄跟踪目标的运行轨迹。

除此之外，在无人机领域应用目标跟踪技术也是近些年较受关注的目标跟踪应用，其中，法国的 Parrot 及中国的大疆公司都把目标跟踪技术移植至无人机移动端，从而增强用户在购买航拍系列无人机的体验感。在医疗诊断中主要通过将跟踪技术应用在超声波和核磁序列图像中

对图像序列中的目标进行分析。而在虚拟现实的领域中，目标跟踪技术尤为关键，主要是通过跟踪技术对关键角色动作的跟踪，进而在视频序列中完成对目标运动能力分析，该技术可给参与者更为丰富的交互感受。另外，自动驾驶也用到了目标跟踪技术，主要体现在路况分析，通过外置摄像头对当前车辆行驶的路况进行拍照从而对影像中运动的物体进行拍照并分析其运行轨迹以方便自动驾驶系统做出相对应的驾驶计划调整。

7.5 实验结果分析

本节的实验是在 PyTorch 深度学习框架中实现的，并且仅在自行采集的行人数据上训练 YOLO-v3。所有的训练图像都来自我们在校园内通过摄像头采集的照片库没有来自 OTB100 和 MAOTD 的训练图像。我们将批次设置为 64，迭代次数设置为 5 k。此外，我们将类更改为 1，其他参数与发表论文相同。对于特征提取程序，它基于 resnet-34 体系结构，参数是从预先训练的 resnet-34 初始化的。所有的实验和训练都是在 NVIDIA GeForce GTX1080ti 11GB GUP 和 NVIDIA K40 上完成的。训练模型如图 7-5 所示。

Model	Top-1	Top-5	Ops	GPU	CPU	Cfg	Weights
AlexNet	57.0	80.3	2.27 Bn	3.1 ms	0.29 s	cfg	238 MB
Darknet Reference	61.1	83.0	**0.96 Bn**	**2.9 ms**	**0.14 s**	cfg	28 MB
VGG-16	70.5	90.0	30.94 Bn	9.4 ms	4.36 s	cfg	528 MB
Extraction	72.5	90.8	8.52 Bn	4.8 ms	0.97 s	cfg	90 MB
Darknet19	72.9	91.2	7.29 Bn	6.2 ms	0.87 s	cfg	80 MB
Darknet19 448x448	76.4	93.5	22.33 Bn	11.0 ms	2.96 s	cfg	80 MB
Resnet 18	70.7	89.9	4.69 Bn	4.6 ms	0.57 s	cfg	44 MB
Resnet 34	72.4	91.1	9.52 Bn	7.1 ms	1.11 s	cfg	83 MB
Resnet 50	75.8	92.9	9.74 Bn	11.4 ms	1.13 s	cfg	87 MB
Resnet 101	77.1	93.7	19.70 Bn	20.0 ms	2.23 s	cfg	160 MB
Resnet 152	77.6	93.8	29.39 Bn	28.6 ms	3.31 s	cfg	220 MB
ResNeXt 50	77.8	94.2	10.11 Bn	24.2 ms	1.20 s	cfg	220 MB
ResNeXt 101 (32x4d)	77.7	94.1	18.92 Bn	58.7 ms	2.24 s	cfg	159 MB
ResNeXt 152 (32x4d)	77.6	94.1	28.20 Bn	73.8 ms	3.31 s	cfg	217 MB
Densenet 201	77.0	93.7	10.85 Bn	32.6 ms	1.38 s	cfg	66 MB
Darknet53	77.2	93.8	18.57 Bn	13.7 ms	2.11 s	cfg	159 MB
Darknet53 448x448	**78.5**	**94.7**	56.87 Bn	26.3 ms	7.21 s	cfg	159 MB

图 7-5 训练模型

在训练之前，如图 7-5 所示，需要去 Darknet 官网下载对应的网络模型

的预训练模型。本文中使用的预训练模型为 darknet53. conv. 74，该模型为作者在 ImageNet 数据集上预训练出来的初始化模型。因此，作为迁移学习，只需要接着这个模型的基础上进行最后几层输出层模型的训练即可。待预训练模型下载好后，即可开始进行网络模型的训练。在工作站上，打开终端输入所示的指令后即可开始网络模型的训练。如图 7-6 所示，在网络模型训练的过程中会有对应的日志信息输出，从而来监控模型的训练过程是否正常。

图 7-6　模型训练过程部分日志信息

如图 7-7 所示，该图是面向无人机平台目标检测的可视化操作界面。从图中可以看到，在无人机正常悬空的状态下，系统能够正常获取到无人机的实时飞行视频流，并且目标检测算法在操作系统能成功订阅无人机视频流节点进行实时的动态场景的目标检测。在图 7-7 中最右边 2 个画面，分别是无人机飞行时的原始视频流和算法实时进行图像检测的结果输出画面；在图中，最中间的视频画面为另一台录像无人机拍摄的画面，与本实验的研究无关，仅仅作为实验记录设备。

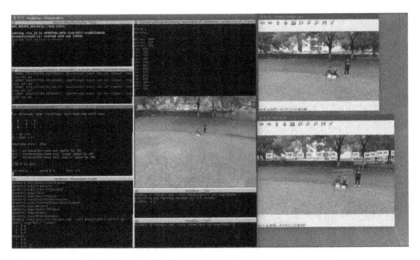

图 7-7　面向无人机目标检测系统可视化操作界面

　　图 7-8 为本算法在无人机数据集上的实验结果，图 7-8（a）为检测的结果，图 7-8（b）为基于检测模块后完成的跟踪结果。结果可见当目标被遮挡时，在得到检测结果的前提下能实现目标跟踪。

a　　　　　　　　　　　　　　　　　b

图 7-8　无人机数据集的实验结果

表 7-1 显示本算法两个版本在无人机数据集上的测试结果，本算法在最大误差及丢帧率上取得了最优结果，相对于 KCF 耗费时间较长。

表 7-1　无人机数据集的测试结果

训练方法	最大错误率	平均错误率	丢失视频帧	耗费时间/ms
MIL[14]	322.00	51.25	13.66%	197.23
BOOSTING[15]	261.44	30.24	13.89%	34.62
MEDIANFLOW[16]	110.49	59.95	77.75%	7.59
TLD[17]	110.49	45.95	31.03%	114.28
KCF[18]	364.93	11.33	0%	6.58
Bian[85]	98.59	3.22	0.36%	94.48
OURS（yolo-v2）	19.00	4.29	0%	109.17
OURS（yolo2-post processing）	19.00	4.21	0%	116.27

7.6　总　　结

本章对目标检测及目标跟踪进行了详尽的讲解，并以切片模式对传统目标检测与跟踪方法和基于深度学习的目标检测与跟踪方法的发展过程进行介绍，对优秀的方法进行深入分析。传统的目标检测方法主要以 HOG 或 SIFT 特征与 SVM 或 AdaBoost 分类器进行组合完成目标检测；传统的目标跟踪方法主要有粒子滤波、卡尔曼滤波及相关滤波等方法。

基于深度学习的目标检测算法可分为三大类：第一类是单阶段的目标检测方法，主要有 YOLO 系列方法及 SSD 系列方法；第二类是基于 R-CNN 的目标检测方法即是价格目标定位及目标的分类切分为 2 个阶段完成；第三类则是无目标候选框的目标检测方法，主要是通过对特征点的检测然后通过特征点确定该区域是否存在目标及根据特征图上的点进行原图映射，对每一个点进行目标的预测。

基于深度学习的目标跟踪算法主要由两大系列算法构成：其一是基于多域学习（MDNet）的目标跟踪方法；其二是基于孪生网络（Siamese Net）的目标跟踪方法，而当前科研领域中，基于孪生网络的目标跟踪方法尤为受关注。

除此之外，本章节还对目标检测及目标跟踪在实际生活中的应用进行了介绍，目标检测方法主要的实际应用体现在视频监控、医疗诊断、生活体验等方面；而目标跟踪方法的应用主要集中在视频监控、视觉导航、医疗诊断、虚拟现实方面。相对于目标检测方法，目标跟踪方法的应用要少一些，实际生活中的应用主要以目标检测为主。在目标跟踪方法中，传统的目标跟踪方法要比基于深度学习的目标跟踪方法更容易应用到实际生活中，其原因主要是传统的目标跟踪方法对运行环境的要求相对较低且时效性高，开发难度低，因此更适用于现实生活应用。

总体而言，随着计算机视觉的不断发展，作为计算机视觉领域中的目标检测与目标跟踪技术将越来越广泛地被应用到生活中，其主要的作用是通过计算机的强大计算能力来降低生活中的人力成本，并让人们体验到更便捷的生活。

➡ 第八章　视觉注意力机制

自深度学习和人工智能兴起以来，很多研究人员开始对如何将注意力机制与神经网络相结合感兴趣。尤其是近年来，随着深度学习的深入研究，在各个领域中都取得了突破性的进展，基于注意力机制的神经网络成为当下的一个热点。通过将注意力机制与神经网络相结合，可以提高模型的性能。

8.1　传统视觉注意力机制

传统计算机视觉的注意力方法本质上是模拟人类视觉的选择性注意力机制，核心目的是从复杂的场景中关注目标的关键信息，有效提取目标的可辨别性特征。

8.1.1　视觉注意力机制

注意力机制（Attention Mechanism）起源于对人类视觉的研究，它可以有效地关注场景图像的关键区域，是人类长期进化中形成的一种机制，视觉注意力大大提高了人类处理视觉信息的效率和准确性。同理，如何让计算机算法具有类似的视觉注意力机制，一直是当前从事视觉分析科研人员的目标，其核心理念是能够使得计算机选择目标的关键信息，从而完成物体的细粒度识别。计算机视觉中的注意力机制主要有空间注意力机制、残差注意力机制、跨通道注意力机制。

人类可以迅速地从视野中找到自己感兴趣的部分，选择性的将更多的注意力集中到该部分来获取更多的细节信息，自动将其他区域作为背景即抑制其他无用的信息，这种视觉注意力机制是人脑特有的一种对图像处理的机制。如图 8-1 所示，人脑首先做出的反应是最先出现在视野中的这个风力发电机风轮，其次是信号塔，图中的树林和天空等其他区域在人类的视觉系统中自动作为背景信息处理。

图 8-1　真实场景

计算机视觉中注意力机制的本质是模仿人类的视觉注意力机制。人类的视觉系统在处理一张图像时，先快速地扫描整个图像，大概了解整幅图像的内容并且找到感兴趣的区域，然后对这一区域投入更多的注意力资源，以此来学习更多需要关注的目标的细节信息。计算机视觉中的注意力机制的基本思想是让学习系统学会注意力——更加关注目标信息的学习。举个例子，一群人在打牌，当你把注意力放在牌上时，基本听不见旁边的人在聊些什么。但是如果你想知道某一个人的说话内容时，你会将注意力集中在那个人的声音上，这样就能听清楚谈话的内容了。

2014 年 DeepMind 科研团队在 NeurIPS 上提出了循环视觉注意力模型（Recurrent Models of Visual Attention，RMVA），其灵感来自于人类眼球感知系统，构建了基于视觉注意力机制的循环神经网络模型。该模型按照顺序处理输入，处理图像内部或视频帧内部的不同位置，并逐步组合这些关注的内容，从而动态建立场景的内部表示。同时，RMVA 的算量与参数量可独立于输入图像来控制，即不受输入图像大小的影响。

2017 年 Wang 等提出了残差注意力机制网络模型（Residual Attention Network）用于图像分类任务中，这是一种采用注意力机制的卷积神经网络，它能以一种端到端的训练方式将最先进的前馈网络结构结合在一起。残差注意力网络模型是通过堆叠 Attention Modules 来建立的，这些模块会产生注意感知特征，不同模块的注意感知特征会随着层的加深而自适应地变化。在每个注意模块内部，采用自下而上的前馈结构，将前馈和反馈注意过程展开为单个的前馈过程。重要的是，此网络模型提出了注意力残差学习，以训练非常深的注意力残差网络，可以很容易地扩大到数百层。图 8-2 展示了双通道视觉注意力框架。

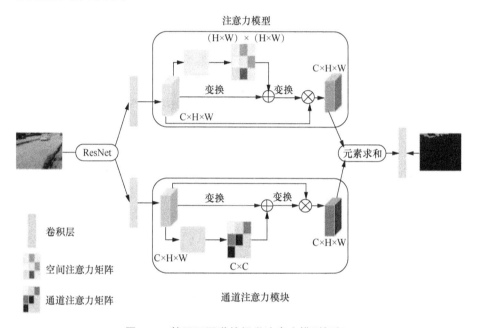

图 8-2 基于双通道的视觉注意力模型框架

2018 年，Hu 等提出了 SE-Net（Squeeze-and-Excitation Network）跨通道注意力模型，其在经典目标分类网络模型中，引入了 squeeze 和 excitation 操作，实现了跨通道的注意力机制，最终在网络模型只增加 10% 的计算量的情况下，显著地提升特征提取的鲁棒性。除上述注意力网络模型之外，近两年科研人员提出大量的基于注意力机制的深度卷积神经网络模型，如增加特征注意力网络（Feature-enhanced Attention Network for Target-dependent Sentiment Classification，FANS），强化自注意网络（Reinforced Self-Attention Network，ReSAN），自合作注意网络（Self-and-Collaborative Attention Network，SCAN），对偶注意网络（Dual Attention Network for Scene Segmentation，DAN），多尺度循环网络（Multi-Scale Recurrent Attention Network，MSRAN），迁移学习网络

（Transfer Learning Network，TLN），特征金字塔注意网络（Pyramid Feature Attention Network，PFAN），以及基于多注意力卷积神经网络的特定目标情感分析方法和基于多通道视觉注意力的细粒度图像分类。

8.1.2　Encoder-Decoder 框架原理

注意力机制可以理解为对输入权重分配的关注，最早开始使用注意力机制是在编码器-解码器（Encoder-Decoder）中，最初用于机器翻译。目前大多数注意力模型都是基于 Encoder-Decoder 框架，所以在了解注意力机制之前，需要先了解该框架。

Encoder-Decoder 是深度学习中非常常见的框架，应用场景非常广泛，例如无监督算法的 auto-encoding；在 Image Caption 的应用中 Encoder-Decoder 使用的是 CNN-RNN 的编码器－解码器框架；在神经网络机器翻译中 Encoder-Decoder 往往就是 LSTM-LSTM 的编码器－解码器框架。Encoder-Decoder 框架包括 2 个步骤：第一步是编码阶段，将准备好的输入数据（如图像或文本等）编码为一系列特征；第二步是解码阶段，用上一步中编码的特征作为输入，将其解码为目标输出。需要注意的是 Encoder 和 Decoder 是两个独立的模型，可以采用卷积神经网络，也可以使用其他模型，例如 CNN/RNN/Bi-RNN/LSTM 等，根据自己需求合理地选择。由于机器翻译中的注意力模型最直观并且容易理解，所以下面以机器翻译的应用为例。图 8-3是抽象的 Encoder-Decoder 框架示意。

Encoder-Decoder 框架简单地理解为将一个句子或篇章（X_1，X_2，X_3，X_4）翻译成另一种语言句子或篇章（Y_1，Y_2，Y_3）的通用模型。例如数据（Data）可以是题目，Output 是对应的答案；Data 是汉语的句子，Output 对应的英文或其他语言的译文；Data 是词组，Output 是利用词组造的句子等。

需要完成的任务是给定输入数据（句子或篇章）Data，经过 Encoder-Decoder 框架处理输出目标句子 Output。其中 Data 和 Output 可以是同一种语言，也可以是两种不同的语言。输入和输出数据 Data 和 Output 分别是由各自的单词顺序组合构成：

$$Data = (X_1,\ X_2,\ \cdots,\ X_m)，\qquad (8-1)$$

$$Output = (Y_1,\ Y_2,\ \cdots,\ Y_m)，\qquad (8-2)$$

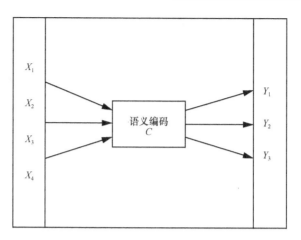

图 8-3 抽象的 Encoder-Decoder 框架示意

图中 Encoder 部分的执行对输入数据进行编码的功能，将数据通过处理变成中间的编码数据用 C 表示：

$$C = F(X_1,\ X_2,\ \cdots,\ X_m)，\tag{8-3}$$

Decoder 的作用是根据中间的编码数据 C 和已解码的历史信息来继续解码输出下一个数据信息：

$$Y_i = g(C,\ Y_1,\ Y_2,\ \cdots,\ Y_{i-1})。\tag{8-4}$$

根据上述公式逐个输出 Y_i，设计好整个系统后，只需要准备好输入数据，经过系统处理输出目标消息。这个框架在本文处理领域的应用非常广泛，如 Data 是中文语句，Output 是日语句子，这也就是机器翻译的工作内容；如果 Data 是一篇文章，Output 可以是文章中心思想的提炼语句，这个是文本摘要的 Encoder-Decoder 框架；如果 Data 是一个问句，而 Output 是对应的回答句子，那么这是对话机器人的 Encoder-Decoder 框架等。当然，Encoder-Decoder 框架不仅仅在文本处理领域使用非常广泛，在语音识别、视频和图像处理等领域也得到了很好的应用。在语音识别领域，Encoder 部分的 Data 是语音流，Output 是对应的文本信息；如果做图像描述的任务，Encoder 的 Data 是一幅图片，Output 则是能够描述图片内容的一句或一段语句。需要注意的是，通常在文本处理和语音识别领域 Encoder 部分采用递归神经网络（Recurrent Neural Network，RNN）模型，而在图像处理领域 Encoder 一般使用 CNN 网络模型（LSTM）。

8.1.3　Attention 模型

上一节讨论了 Encoder-Decoder 框架的基本思想，了解了其工作原理，对该框架有了一个初步认识。Decoder 每个输出数据的计算过程可以归结为如下公式：

$$Y_1 = F(C),$$
$$Y_2 = F(C, Y_1),$$
$$Y_3 = F(C, Y_1, Y_2),$$
$$\cdots$$
$$Y_i = F(C, Y_1, Y_2, \cdots, Y_i)。 \tag{8-5}$$

其中 F 是 Decoder 的非线性变换函数可以是 RNN 网络。整个系统在依次生成每一个 Output 过程中，共同使用一个语义编码 C。然而语义编码 C 是由输入数据 Data 经过 Encoder 编码生成的产物，对于通过解码依次产生的目标信息（Y_1，Y_2，$\cdots$，Y_i）没有任何影响或对于输出的每一个信息的影响都一样。所以，整个模型在运行过程中并没有体现出注意力的影响，这就类似于老板找员工谈谈项目进展，但是在整个聊天过程中都没有讲到重点。例如输入的英文句子是：Tom chase Jerry，目标的翻译结果是：汤姆追逐杰瑞。在未考虑注意力机制的模型当中，模型认为"汤姆"这个词的翻译受到"Tom""chase""Jerry"这 3 个词的同权重的影响。但是实际上这样处理是不正确的，"汤姆"这个词应该受到输入的"Tom"这个词的影响最大，而其他输入的词的影响则应该是非常小的。显然，在未考虑注意力机制的 Encoder-Decoder 框架模型中，这种不同输入的重要程度并没有体现处理，一般称这样的模型为"分心模型"。

上面的例子中，如果在系统中引入 Attention 模型的话，在翻译"汤姆"或其他单词的时候，可以体现出英文单词对于翻译当前中文时不同的影响程度，比如给出可能出现的下面一个概率分布值：

（Tom，0.6）（Chase，0.2）（Jerry，0.2）

同理，在翻译其他单词时候，都会分配不同的概率即注意力不同。显然，这种注意力分配模型对于正确翻译语句有很大的帮助，尤其是复杂的长句。注意与原模型框架不同的是加入了注意力模型，即固定的语义编码 C 换成了根据输出信息变化的 C_i，增加了注意力模型的 Encoder-Decoder 框架

理解起来如图 8-4 所示。

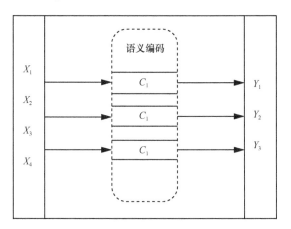

图 8-4　注意力机制编码框架

原模型的目标输出变化为以下的形式：

$$Y_1 = F_1(C_1)，$$
$$Y_2 = F_1(C_2，Y_1)，$$
$$Y_3 = F_1(C_3，Y_1，Y_2)，$$
$$\cdots$$
$$Y_i = F_1(C_i，Y_1，Y_2，\cdots，Y_i)。 \qquad (8-6)$$

其中，每个 C_m 可以是不同的概率值，例如上面的例子可以有如下翻译过程：

$$C_{汤姆} = g(0.8 * F_2(\text{"Tom"})，0.1 * F_2(\text{"chase"})，0.1 * F_2(\text{"Jerry"}))$$
$$C_{追逐} = g(0.1 * F_2(\text{"Tom"})，0.8 * F_2(\text{"chase"})，0.1 * F_2(\text{"Jerry"}))$$
$$C_{杰瑞} = g(0.1 * F_2(\text{"Tom"})，0.1 * F_2(\text{"chase"})，0.8 * F_2(\text{"Jerry"}))$$

通过观察分析上面的翻译过程，可以得出结果，加入了注意力机制的模型更加具有合理性。其中，F_2 函数代表 Encoder 使用的某种变换函数，比如 RNN 或 LSTM，此时 F_2 函数的结果往往是某个时刻数据输入 X_i 后隐藏层节点的状态值；g 是变换函数，计算公式如下所示：

$$C_i = \sum_{j=1}^{Lx} a_{ij}h_j。 \qquad (8-7)$$

式中，Lx 代表输入数据 Data 的长度，a_{ij} 代表在目标信息输出第 i 个单词时 Data 输入句子中第 j 个单词的注意力分配系数，而 h_j 则是 Data 输入句子中

第 j 个单词的语义编码。例如，C_i 下标 i 就是上面例子所说的"汤姆"，那么 Lx 就是 3，$h_1 = F_2($"Tom"$)$，$h_2 = F_2($"chase"$)$，$h_3 = F_2($"Jerry"$)$ 分别是输入句子每个单词的语义编码，对应的注意力模型权值则分别是 0.8，0.1，0.1，所以 g 函数本质上就是个加权求和函数。

8.2　深度视觉注意力机制

研究人员首次将注意力模型应用在图像标题生成任务时，提出了 2 种注意力方法（根据注意力的可微分性来分），即软注意力（Soft Attention）和硬注意力（Hard Attention）。其中 Soft Attention 就是最初的 Attention 方法，这种注意力更关注区域或通道，是确定性的注意力，最为显著的特点是具有可微分性。而 Hard Attention 在选取特征组合时，并不针对所有的特征生成权值，而是只选取 1 个或几个特征，更加关注点，即图像中的每个点都有可能延伸出注意力，不具备可微分性，在训练过程中往往需要通过增强学习来实现。如果根据注意力关注的域来划分，可以分为：空间域、通道域、层域、混合域和时间域。下面主要了解 2 种注意力域，即空间域（Spatial Domain）和通道域（Channel Domain）。

8.2.1　空间域

一般的在卷积神经网络中，会使用池化层（Pooling Layer）来减少运算量同时提高准确率。研究人员认为这样的方法会丢失关键信息，从而导致部分重要的特征信息无法被学习。所以 2015 年 NIPS 发表的论文中，提出了一个称为空间转换器（Spatial Transformer）的模块，通过加入注意力机制将原始图片中的空间信息变换到另一个空间中并保留了关键信息。这个模块可以作为新的层直接加入到原有的网络结构，比如 VGG-16、VGG-19 和 ResNet 等。Spatial Transformer 模块是一个可微的模块，可以在 CNN 网络中的任何地方加入，如果是多通道的输入，则变换将应用于每一个通道。

如图 8-5 所示，加入空间转换器后：

a 列是原始的图片，手写数字 3 没有做任何变换，在手写数字 2 上做了一定的旋转变化，而第 3 个手写数字 1 上加了一些噪声信号；

b 列中的矩形边框是学习到的空间转换器的框盒（Bounding Box），每一个框盒其实就是对应图片学习出来的一个空间转换器；

c 列是通过 spatial transformer 转换之后的特征图（近似），可以看出 3 的关键区域被选择出来，2 被矫正为正向的图片，而 1 的噪声信息被滤除了一些。

最终，可以通过这些转换后的特征图准确预测出手写数字的值如 d 列所示。具体的信息可以阅读论文 Spatial Transformer Network。

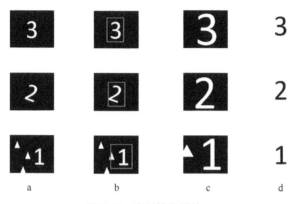

图 8-5　空间转化模块

8.2.2　通道域

如果学习过信号处理就会知道，任何一个信号都可以正交分解，即分解为不同频率的正弦波的组合，经过时频变换处理之后，时域上连续的正弦波信号可以用一个频率信号数值替代。在卷积神经网络中，输入数据一般是彩色图像由（R，G，B）三通道表示。经过不同的卷积核之后，每一个通道又会生成新的信号即特征图，比如使用 64 个卷积核做卷积操作，原来的 RGB 三通道就会变成 64 个新通道的矩阵（H，W，64），H，W 分别表示图片特征的高度和宽度。每个通道的特征其实就表示该图片在不同卷积核上的分量。类似于信号分析中的时频变换，在卷积神经网络中卷积操作类似于对信号做了傅里叶变换，从而能够将一个通道的信息给分解成 64 个卷积核上的信号分量。

在分解产生的若干信号中，对于关键特征的影响力大小可能也不一样。

2017 ILSVR 竞赛的冠军，提出 SE block 即给每一个通道上的信号都增加一个权重，以此来代表该通道域关键特征信息的关联度。通道上的权重越大，则表示关联度越大。通道注意模型如图 8-6 所示。

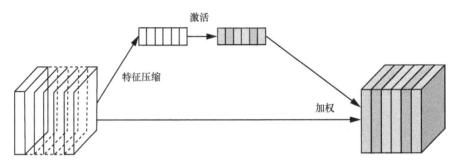

图 8-6　通道注意模型

首先是 Squeeze 操作，我们顺着空间维度来进行特征压缩，将每个二维的特征通道变成一个实数，这个实数某种程度上具有全局的感受野，并且输出的维度和输入的特征通道数相匹配。它表征着在特征通道上响应的全局分布，而且使得靠近输入的层也可以获得全局的感受野，这一点在很多任务中都是非常有用的。

其次是 Excitation 操作，它是一个类似于循环神经网络中门的机制。通过参数 w 来为每个特征通道生成权重，其中参数 w 被学习用来显式地建模特征通道间的相关性。

最后是 Reweight 的操作，我们将 Excitation 输出的权重看作是经过特征选择后的每个特征通道的重要性，然后通过乘法逐通道加权到先前的特征上，完成在通道维度上的对原始特征的重标定。

8.3　视觉注意力机制在目标检测识别中的应用

目标检测（Object Detection）是计算机视觉领域的一个基本问题，在非受控自然场景中快速准确地定位和识别特定目标是许多人工智能应用场景的重要功能基础。近年来，随着深度学习（Deep Learning）技术的快速发展，基于卷积神经网络（CNN）的目标检测算法获得了广泛关注和研究，出现了很多性能优良、简洁高效的网络结构，使算法的大规模实际应用成为

可能。

所谓注意力机制，便是聚焦于局部信息的机制，比如图像中的某一个图像区域。随着任务的变化，注意力区域往往会发生变化。顾名思义，注意力机制本质上是为了模仿人类观察物品的方式。通常来说，人们在看一张图片的时候，除了从整体把握一幅图片之外，也会更加关注图片的某个局部信息，例如局部桌子的位置，商品的种类等。

8.3.1 目标检测

在图像识别领域，通常都会遇到给图片中的鸟类进行分类的情况，包括种类的识别，属性的识别等内容。为了区分不同的鸟，除了从整体来对图片把握之外，更加关注的是一个局部的信息，也就是鸟的样子，包括头部、身体、脚、颜色等内容。至于周边信息，例如花花草草之类的，则显得没有那么重要，它们只能作为一些参照物。因为不同的鸟类会停留在树木上、草地上，关注树木和草地的信息对鸟类的识别并不能够起到至关重要的作用。所以，在图像识别领域引入注意力机制就是一个非常关键的技术，让深度学习模型更加关注某个局部的信息。

8.3.2 缺陷检测

在工业领域，工件表面缺陷检测是现代化工业生产中不可缺少的环节，利用卷积神经网络实现工件表面缺陷检测能有效地提升检测效果。当工件表面出现微小缺陷时，缺陷部分的特征容易被其他区域的特征所掩盖，影响检测的准确率。针对这一问题，提出了视觉注意力网络。通过注意力模块生成软注意力模板，为卷积模块构成的主干网络的特征图加权，增强缺陷区域特征并抑制背景区域特征，提高缺陷检测的准确率。结果表明，软注意力模板在容易出现缺陷的区域具有更高的权值。加入视觉注意力模块能将缺陷检测的准确率明显提高。

8.3.3 小目标检测

在军事领域中，如何在没有先验信息的情况下从复杂噪声背景下快速检测到远距离进入的弱小目标，提高整个军事装备系统的响应能力，是目前IRST 研究的热门内容。通过引入视觉注意机制，提出一种结合尺度自适应的局部对比度测量的红外弱小目标检测方法。最终，生成一个显著图来突出目标特性，该方法能够在增强目标对比度的同时，抑制背景杂波。实验结果表明，引入视觉注意机制相比于对比算法具有较高的红外小目标检测性能，能够对对比度不低于 5% 的目标稳定检测，适合防空武器装备工程应用。

8.4 总 结

在深度学习发展的今天，搭建能够具备注意力机制的神经网络则显得更加重要，一方面是这种神经网络能够自主学习注意力机制；另一方面是注意力机制能够反过来帮助我们去理解神经网络看到的世界。本章介绍了计算机视觉中的注意力机制，首先，介绍了传统视觉注意力机制深度视觉注意力机制；其次，实际工业应用中介绍了最新的计算机视觉中的注意力机制的研究进展情况；最后，注意力机制能够帮助模型选择更好的中间特征。目前注意力机制应用广泛，在军事领域、交通安全领域都有很好的落地性。

➡ 第九章 图像细粒度识别

9.1 图像细粒度识别技术概述

图像识别是计算机视觉领域中一个重要的分支，传统的图像识别主要分为两大类：①语义级图像识别，识别不同类别的目标，例如汽车和飞机等；②实例级图像识别，识别不同的个体，如指纹识别。图像细粒度识别则介于传统图像识别的两大类之间，识别对象为同一基础类别下的不同子类别，如同为猫类别的英国短毛猫和中国狸花猫（图9-1）。相对于识别不同大类别（猫和狗等）的图像粗粒度识别任务，图像细粒度识别更具挑战性，类别之间的相似度较高，常需要通过局部的微妙区别才能区分开来。另外，相对于人脸识别等实例级图像识别任务，图像细粒度识别任务中类别内的差异更大，光照、姿态、遮挡、背景干扰等因素给准确识别增加了难度。因此，图像细粒度识别是一项极具挑战性的研究课题。

图9-1 英国短毛猫（左）和中国狸花猫（右）

　　当今，学术界与工业界均在图像细粒度识别方向进行着广泛的研究，主要的研究对象为不同种类的猫、狗、汽车、摩托车（图9-2）等。以 CUB-200-2011 鸟类数据库为例，类间差异细微，图中两种鸟的差别只存在于一些局部区域中，如翅膀和脚的颜色。即便是对这些鸟类极为熟悉的专家，在面对这些相似度极高的不同子类的鸟，有时也会区分错误。在实际生活中，图像细粒度识别扮演着越来越重要的角色。例如，无人商场货柜上的产品的分类，借助细粒度识别技术，省去了大量的人工成本。

图 9-2　图像细粒度识别常用数据库

　　与普通的图像识别任务有所不同，图像细粒度中的具有区分度的信息常位于局部区域中，这种具有区分度的局部区域被称之为判别性区域。因此，图像细粒度识别任务的关键在于寻找判别性区域。大多数细粒度识别算法的过程基本一致，首先，定位识别目标的判别性区域，然后对判别性区域提取特征，进而通过这些特征训练得到分类器。早期的图像细粒度识别任务主要基于特征提取的传统算法，包括视觉词包、局部特征、特征定位等方法。传统算法存在很多局限性，效果并不理想。随着深度学习的发展，神经网络提取的特征比人工特征具有更强的表征能力，图像细粒度识别也相应地得到了进一步的发展。

　　基于深度学习的细粒度识别算法按照监督方式可以分为强监督细粒度识别和弱监督细粒度识别。强监督的方法在训练模型时，除了使用图像类别标签外，还借助了人工标注的边框（Bounding Box）或者部位标注点（Part Annotation）等额外信息（图9-3），学习局部信息，用于提高模型的精度。但是，强监督学习的缺点显而易见，额外的人工标注信息不仅代价昂贵，同时也制约了强监督学习的实用性。而弱监督的方法只需要依靠图像的类别标签，无须额外的人工标注信息，同样能取得与强监督学习不相上下的识别效果。近年来，弱监督的方法已经成为图像细粒度识别算法的发展趋势。图像细粒度识别问题是模式识别领域极具挑战的一项课题，传统的图像识别主要目的是确定图像中包含物体的类别，而图像细粒度识别针对的目标往往是同一属性目标，类别之间的差异非常细微，通常需要对图像中局部特征的差异性进行区分，与传统目标识别（如人脸、车辆和建筑物等）对象级分类识别相比，图像细粒度类内之间的差异更加巨大，存在着姿态、光照、遮挡和背景干扰等诸多不确定因素，因此，图像细粒度分类是一项极具挑战的研究任务。按照使用类别信息的多少，将目标细粒度识别划分为：基于强监督信息的细粒度识别模型和基于弱监督信息的细粒度识别模型。在9.2和9.3节中将会分别介绍基于强监督信息的识别模型和基于弱监督信息的识别模型。

图9-3　边框和部位标注点

9.2 基于强监督信息的识别模型

强监督是指模型训练时为了得到更高的图像识别精度，除了图像级别的类别标签信息之外，还增加了物体关键点（Object Part Annotation）和目标边界框（Object Bounding Box）等精细标注信息。Part-based R-CNN 模型利用目标检测算法 R-CNN 提取图像的有用局部信息实现对图像细粒度进行目标局部区域的检测，该模型主要采用了 Selective Search 算法在细粒度级别图像中构建目标部件可能出现的边界候选框，相对于简单引入卷积特征而言，Part-based R-CNN 针对图像细粒度特点进行改进，同时弱化了对标记信息的依赖程度，增强了算法的实用性。其缺陷在于采用了自底向上的区域产生方法，会衍生大量相关区域，影响算法速度。除了有效的局部区域特征之外，目标的姿态也是影响类内方差的重要因素，因此研究人员提出利用姿态归一化深度卷积神经网络模型（Pose Normalized CNN）同样可以获得目标部件的细粒度检测框，其算法在公共数据集的分类精度达到了 75.7%。与此同时，Wu 等引入协同分割思想，仅依靠目标标注框信息而不借助局部特征信息，实现很高的目标细粒度识别分类精度。

基于强监督信息的图像细粒度识别方法在训练模型时，除了使用图像类别标签外，还借助了人工标注的边框或者部位标注点等额外信息。在图像细粒度识别过程中，图像细粒度特征常位于判别性区域。基于强监督信息的识别模型在结合了人工标注的局部区域特征与全局特征后，提升了最终的识别性能。由于额外人工标注信息的引入，基于强监督信息的识别模型常常拥有较好的准确率。但是，因为人工标注信息的代价昂贵，并且存在人为因素的误差，导致强监督的方法受到很大的制约。本节将介绍并分析几种经典的强监督识别模型。

9.2.1 Part-based R-CNN

2014 年，Zhang 等提出了 Part-based R-CNN，该方法使用了 R-CNN 对图像的局部区域进行检测。R-CNN 属于目标检测领域中经典的深度学习算法，对于一张输入图像，R-CNN 首先采用选择性搜索算法产生 2000 个候选区域。然后，对每个候选区域提取卷积特征，并且将这些卷积特征送入预先训练好的 SVM 分类器。由此，每个候选区域都会得到对应的打分值：$s = \boldsymbol{\omega}^{\mathrm{T}}\phi(x)$。$\boldsymbol{\omega}$ 表示 SVM 的权重，$\phi(x)$ 表示卷积特征。通过 s 判断候选区域是否包含待检测的目标。另外，使用非极大值抑制策略筛选候选区域。经过筛选后的候选区域通过边框回归精修后即为最终的检测结果。Part-based R-CNN 的实验对象是 CUB-200-2011 鸟类数据库，受 R-CNN 启发，Part-based R-CNN 采用选择性搜索产生候选框，之后对候选区域提取特征、打分筛选，挑选出鸟、头部、身体 3 个区域。

令 $X = \{x_0,\ x_1,\ \cdots,\ x_n\}$ 表示边框的位置，其中 x_0 表示目标（鸟）的位置，$x_1,\ x_2,\ \cdots,\ x_n$ 表示 n 个局部区域的位置，只有在训练数据集中才有这些位置标注信息，测试集中不需要。给定目标和局部区域的 R-CNN 权重值 $\{\omega_0,\ \omega_1,\ \cdots,\ \omega_n\}$，相对应的检测器为 $\{d_0,\ d_1,\ \cdots,\ d_n\}$，每个检测器的分值为 $d_i(x_i) = \sigma(\boldsymbol{\omega}^{\mathrm{T}}(\boldsymbol{\omega}^{\mathrm{T}}\phi(x)))$，其中，$\sigma(\cdot)$ 表示 Sigmoid 函数，$\phi(x)$ 表示位置 x 处的卷积特征。获取最佳边框的问题可以转化为求解式（9-1）的最优解的问题：

$$X^* = \arg\max_X \Delta(X)\prod_{i=0}^{n} d_i(x_i)\,, \qquad (9-1)$$

式中，$\Delta(X)$ 表示打分函数，$\Delta(X)$ 存在边框约束与几何约束 2 种选择。

边框约束：通过设定阈值 k，所有局部区域的范围不能超出目标区域的某个范围：

$$\Delta_{\mathrm{box}}(X) = \prod_{i=1}^{n} c_{x_0}(x_i)\,, \qquad (9-2)$$

当局部区域 x_i 超出对象区域 x_0 的像素点个数不超过 k 时，$c_{x_0}(x_i) = 1$；否则，取 $c_{x_0}(x_i) = 0$。

几何约束：单个检测器结果的可靠性不高，尤其是有遮挡的情况下，可靠性更低。在边框约束的基础之上，几何约束添加了额外的约束信息，过滤错误的检测结果：

$$\Delta_{\mathrm{geometric}}(X) = \Delta_{\mathrm{box}}(X)\left\{\prod_{i=1}^{n}\delta_i(x_i)\right\}^{\alpha}\,, \qquad (9-3)$$

式中，δ_i 是区域 x_i 上的打分，有混合高斯模型和最近邻两种选择方式，α 是超参数。通过约束条件对 R-CNN 检测的位置信息修改，再通过卷积网络提取每一个位置的特征，连接不同区域的特征成为最后的特征表示，进而训练

SVM 分类器。与之前算法相比，Part-based R-CNN 算法无论是检测定位还是特征提取，完全基于卷积神经网络，并且训练过程属于端到端的形式，在CUB-200-2011 鸟类数据库上获得了 73.89%的识别准确率。由于测试阶段不需要额外标注，该算法相比于之前的算法更加具有实用性。虽然准确率得到了提升，但是 Part-based R-CNN 的缺点也很明显，即在生成候选区域时，产生了大量的无关区域，极大影响了算法速度。

9.2.2 Pose Normalized CNN

在图像细粒度识别任务中，判别性区域的信息虽然极为重要，但是图像中存在的类内方差也会对识别结果产生影响。在所有的干扰信息中，姿态问题一直是普遍存在的干扰因素。Branson 等在 2014 年提出了 Pose Normalized CNN。对于每一张图片，利用算法检测局部区域的位置。再将检测框内的图片进行裁剪，提取不同层次的局部信息（鸟、头部）。然后将提取的图像块进行姿态对齐，并且提取卷积特征。最后，拼接卷积特征，送入 SVM 分类器进行分类。

Pose Normalized CNN 在 CUB-200-2011 鸟类数据库上达到了 75.7%的识别精度。算法的整个流程中，最先需要解决的问题就是图和检测局部区域。Pose Normalized CNN 利用预训练的 DPM 算法对输入图像完成关键点的检测。随后，利用检测到的关键点进行姿态对齐操作。对于低层对齐图像（原始图像与鸟的躯干）而言，深层的卷积特征相对于浅层的卷积特征更加具有区分度，能获得更高的准确度。而对于高层对齐图像（头部）而言，浅层的卷积特征反而更具有区分度。由此可见，采用深层还是浅层的特征，视区域而定。Pose Normalized CNN 在原有的局部区域模型的基础上，考虑了姿态干扰问题，淡化了类内方差所产生的影响。

9.2.3 其他强监督识别模型

除了以上 2 种模型，还有许多的基于强监督信息的细粒度识别模型，Lin 等设计了一种新颖的细粒度识别系统，在单个网络结构中实现了局部区域的定位、对齐及分类任务，通过梯度回传机制实现共优化训练，达到了80.26%的识别精度。Krause 等将协同分割引入图像细粒度识别任务中，提

出的算法只需要借助边框而无需部位标注点，即可完成分割与对齐，达到了82%的识别精度。因为图像细粒度数据库的规模较小，模型在训练过程中难免过拟合，所以也有从数据增强为出发点的算法被提出。Xu 等提出利用网络图片来进行数据增强，从而提升网络的性能。但是，网络图片夹杂着许多干扰信息，Xu 等利用图像细粒度数据库上的标注信息训练得到检测器，再使用检测器过滤噪声图片，达到了 84.6% 的分类精度。随着深度学习的进一步发展，以及考虑到实用性，只需要类别标签的弱监督细粒度识别模型逐渐显示出其独特的优势。接下来将会介绍基于弱监督信息的识别模型。

9.3 基于弱监督信息的识别模型

上述基于强监督信息的图像细粒度识别算法虽然获得了较为满意的分类精度，但在训练目标细粒度网络模型时需要大量的人工标注数据，一定程度上限制了在实际场景中的应用。因此，Xiao 等研究人员首先尝试提出不再需要额外标注信息的两级注意力（Two Level Attention）模型，在采用更好的网络模型框架下，其实验精度达到了 69.7%。2015 年，Simon 等利用目标关键点信息提取图像局部特征，并设计新颖的细粒度识别方法，实现了81.01% 的分类精度。不同于上述 2 种方法仅是将卷积网络作为特征提取器，Lin 构建了端到端的双线性卷积神经网络模型（Bilinear CNN），在公共数据集其分类精度达到了 84.1%。

基于强监督信息的细粒度识别模型虽然取得了较为满意的分类精度，但是由于庞大数据集的制作需要花费大量的人力和物力，这使得这类算法模型的应用受到了一定的限制。所以，目前图像目标的细粒度识别逐渐地朝着弱监督识别的方向发展。即在识别模型训练时只使用图像级别的标注信息，不再使用其他的部分标注信息，也能取得与基于强监督信息的细粒度识别模型相媲美的精度。其实现过程与强监督分类模型相差无几，依然需要借助全局信息和局部信息来完成对目标图像的细粒度识别。而两者的区别在于：弱监督分类模型在不依靠部分标注信息的情况下，也能够获得鲁棒的局部信息。目前看来，最好的弱监督分类模型仍然和最好的强监督分类模型存在差距，分类精确度相差 1% 左右。

9.3.1 网络结构方法

弱监督的网络结构方法有很多种，该方法是对网络特征提取器的优化，保证网络模型能够从原始图片提取出更加具有代表性的特征。北京大学计算机研究所的肖天骏提出了两级注意力模型（Two Level Attention Model），该方法结合了自底向上的候选块的注意模块，对象层次的自顶向下的选择特定对象的相关块的注意，以及局部层次的自顶向下的区分部分的注意模块来训练特定领域的深度神经网络，然后查找对象及其局部区域，以提取具有区分的图像特征。

该方法的识别主要分为 4 步：

① 使用在 1000 类的 ILSVRC2012 数据集上预训练的卷积神经网络作为 FilterNet，从自底向上产生的大量图片块中挑选出分类对象相关的图片；

② 使用 FilterNet 选择的图像块来训练 DomainNet，DomainNet 网络提取属于特定领域的类别相关的特征（例如猫、狗、鸟等），测试图片的图像块在 softmax 输出的分数的平均值作为对象级的分类结果。

③ 在局部区域上，相似性矩阵 S 上执行谱聚类以将中间层中的滤波器划分为 k 个簇，相似矩阵由两个中间层滤波器的余弦相似度 $S(i, j)$ 组成。每个簇充当局部区域检测器。然后，通过局部区域检测器选择的图片块被缩放到 DomainNet 的输入大小以产生激活，不同局部区域和原始图像的激活整合到一起用于训练 SVM，作为基于局部区域的分类器。

④ 输出结果：结合对象注意力模型和局部注意力模型的预测结果，作为最终的预测结果。

Constellations 方法是利用卷积网络本身的特征生成关键点，简单地说，就是将输出的特征图的每一维通道对应每一个输入像素的平均梯度值，得到一个与原输入图片大小相同的特征梯度图。在特征梯度图响应最强烈的位置就是输入图片中的关键点，也代表着原始图片中的一个局部区域。具体来说，特征图共有 P 维通道，通过计算特征梯度图的方式产生 P 个关键点位置，通过星座算法筛选最重要的 M 个关键点，再对关键点进行分类。另外 Lin 等设计了一种端到端的网络模型 Bilinear CNN 来提取更准确的图片，在当年的 CUB-200-2011 数据集上取得了弱监督细粒度分类模型的最好分类准确度。

为了解决类间变异小、类内变异大、训练图像数量少的问题，子集特征学习网络、MixCNNs、多粒度 CNN 等方法通过多个子网络来获取不同位置的局部信息，然后将多个局部信息的特征融合来进行识别。视觉注意力能够解决一些计算机视觉的问题，并且表明引入不同的视觉注意力机制可以有效地提升算法的性能。像 AFGC 模型、FCN 模型、DVAN 模型都是引入视觉注意力机制来完成网络结构的设计。具有代表性的是微软亚洲研究院提出的 RACNN 与 MACNN。RACNN 提出了一种新的递归注意卷积神经网络（RA-CNN），它以一种相互增强的方式，在多个尺度上递归地学习判别区域注意和基于区域的特征表示。

另外，NTS-Net 由导航代理、教师代理和审查代理组成。考虑到区域信息的内在一致性和它们的概率是真实类，设计了一种新的训练范式，使导航代理能够在教师代理的指导下发现最具信息性的区域。然后，审查代理从导航代理中仔细检查建议的区域并做出预测。具体的流程为：第一，尺寸为 448 像素×448 像素×3 像素的原图进入网络，进过 Resnet-50 提取特征以后，变成一个 14 像素×14 像素×2048 像素的特征图；第二，预设的 RPN（区域建议网络）在（14，14）、（7，7）、（4，4）这 3 种尺度上根据不同的尺寸，aspect ration 生成对应的锚点，一共 1614 个；第三，用步骤 1 中的特征图，输入到 Navigator 中打分，用 NMS 根据打分结果只保留 N 个信息量最多的局部候选框；第四，把 N 个局部区域双线性插值到尺寸大小为 224 像素×224 像素的图，输入 Teacher 网络，得到这些局部区域的特征向量和逻辑值；第五，把步骤 1 和步骤 4 中的全图特征向量和局部特征向量级联在一起，之后接入全连接层，得到联合分类逻辑值用于最终决策。

综上所述，基于网络结构方法的弱监督细粒度分类，其优点都是在通过不同的方式来获取更加丰富的图像特征，缺点也显而易见，网络结构的复杂度和参数量都会增加，使得移动端的部署更加困难。

9.3.2　多特征融合和损失函数优化方法

与网络结构方法不同，多特征融合方法与损失函数优化方法是在结构法的基础上帮助其获得更丰富的特征，增加类间距离减少类内距离。关于特征融合大多数是级联和求和，这限制了层间和层内的本质高阶关系，提出了层级卷积响应的核融合机制使得特征可以更好地融合，使得多特征的优势最大化。通过将卷积激活作为一个局部描述符，层级卷积激活可以处理不同尺度的局部表示。提出一个基于预测器的多项式核来捕捉卷积激活的高阶统计信息，并通过核融合将多项式预测器拓展来对局部建模。本节的目的是捕捉部件之间更复杂的高阶的关系，写成所有成分的线性组合。

另外，提出了一种新的基于注意的卷积神经网络，它可以调节不同输入图像之间的多个目标部分，采用 Triplet Loss 和 Softmax Loss 来训练网络。如图 9-4 所示，给定 4 张输入图像，包含两个类别，每个类别有 2 张图像。这4 张图像经过压缩 - 多扩充（One-squeeze Multi-excitation，OSME）模块产生多个注意力区域 1，图中示意的每个图像产生两个注意力区域，那么现在就会分为以下几种情况：类别 1 的区域 1、类别 1 的区域 2、类别 2 的区域 1、类别 2 的区域 2，然后将这 4 种情况按某种方式用 MAMC（Multi-attention Multi-class Constraint）损失和 Softmax 损失共同训练网络。在测试的时候只采用 Softmax。多特征融合和损失函数优化方法在细粒度识别领域应用是经济适用的，因为根据训练优化就会使得模型有更好的结果。

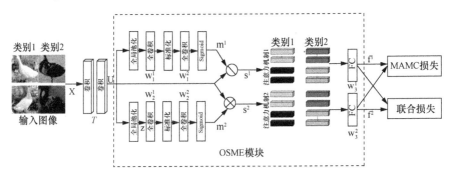

图 9-4　MAMC 的结构框架

9.4　目标细粒度识别技术的应用

基于深度学习的计算机视觉方面快速发展，但是视觉算法方面的理论发展和落地发展还有着很大的差别，像人脸识别、智能商店、辅助驾驶等方面在日常生活中也得到了广泛的应用。在细粒度识别方向上，目前来说，最直

接的落地项目有车辆识别、菜品识别、智能零售、花卉识别、工业产品的无损检测与识别。

应用1：车辆细粒度识别模型

作为目标检测的一个应用领域，车辆检测在智能交通系统、无人驾驶和公共安全中扮演着重要角色。检测过后，我们可以更深入在细节方面进行分类。如果应用于公共安全方面，该技术可以帮助更快地处理刑事案件。即使犯罪车辆逃逸了，我们依然可以根据车辆品牌、型号、颜色和车牌号进行追查。在这种情况下，车辆的细粒度分类不可或缺。

但是事实上，目标的内部分类差异是极其细微的，甚至有些时候内部差异比外部差异更大，所以研究细粒度分类是非常有挑战性的。该研究可能优先于人脸检测，动作识别和自动场景表述等。

如果车辆细粒度分类应用于交通和公共安全，我们可以获得更多媒体数据，如车的品牌、型号、标志、出厂年份、最大速度和加速度等。依靠应用这些动态的信息，我们可以建立一个大型的智能交通系统来监控整个城市道路。另外，我们可以分析不同时刻道路车辆情况，找到人们出行规律，然后可以有根据地制定交通规则，这将使城市更智能。

数字视频编解码技术国家工程实验室提出了一种深度相对距离学习方法，该方法利用一个双分支深卷积网络将原始车辆图像投影到一个欧几里得空间中，在该空间中距离可以直接用于测量任意两辆车辆的相似性。伴随着卷积神经网络的快速发展，其目的是区分下级类之间的细微差别，推动了图像细粒度分类的发展。因此，关注于学习一种细粒度和结构化的特征表示，这种特征表示能够在不同的相关性级别上定位相似的图像。除此之外，采用更快的 R-CNN 方法，从可能包含多个车辆的杂波背景图像中提取单个车辆图像。此步骤为下一个分类模型提供数据。在车辆细粒度分类模型中，将只包含一辆车辆的图像输入 CNN 模型生成特征，然后利用联合贝叶斯网络实现细粒度分类过程。

应用2：新零售场景下的自动商品识别

零售业是人力密集型行业，其中收银结算占有相当高的成本。随着深度学习的发展，借助图像识别技术实现零售行业的降本增效已是大势所趋。自动收银结算（Automatic Check-Out，ACO）是其中的核心场景，根据所购买产品的图像自动生成购物清单，并与计算机视觉技术的融合不断加深。从图像识别角度讲，ACO 的落地布满荆棘，其中既有来自数据本身的问题，也有模型训练的因素，最后可归结为 4 个方面：大比例、细粒度、few-shot 和跨域。尽管存在上述问题，ACO 还是有着潜在的研究价值与商业价值。如果有标注精良的数据集，这一问题或可迎刃而解。为此，旷视科技的研究人员打造了一个目前最大的商品识别数据集——RPC，来推动新零售自动收银场景的相关研究和技术进步，RPC 数据集含 200 个商品类别，83 739 张图像，包含单品图和结算图两种形态，并且配有不同监督强度的标注。借助这一数据集，清晰界定了 ACO 问题，并使用 4 种基线方法基准化这一数据集。实验结果表明，在这一数据集上 ACO 仍有较大提升空间。同时，该数据集还适用于多个潜在的研究方向。

9.5　展　望

图像细粒度分析任务在过去的十年里一直是计算机视觉中的热门研究领域，尤其在深度学习繁荣的近几年，方法和问题一直不断更新。随着深度学习方法研究的深入，在传统图像细粒度分析问题上，如鸟类、狗、车等子类分类和检索，尤其分类问题的准确率，到达了瓶颈期。AutoML 和 NAS 的最新方法在计算机视觉的各种应用中都取得了和手工设计架构相媲美，甚至更好的结果。因此，希望可以利用 AutoML 或 NAS 技术开发自动细粒度模型，有望找到更好、更合适的深度模型，同时也可以反向促进 AutoML 和 NAS 研究的进步。

⇒ 第十章 图像分割技术

图像分割是计算机视觉中一个具有挑战性的任务，面对这个具有挑战性的任务，研究人员已提出了阈值分割、边缘分割、区域分割等技术方法。近年来机器学习和深度学习的热潮也使得图像分割技术再次推陈出新。本章将介绍几种常见的传统图像分割技术和几种热门的基于深度学习的图像分割框架及图像分割技术在实际场景中的应用。

10.1 传统图像分割技术

在传统图像分割技术中，我们往往会将图像进行灰度化处理，然后再对图像进行各种算法的处理，通常可以通过设置一个较好的阈值来对图像进行前景和背景的分割，或者通过引入一些微分算子求取图像的梯度，以达到对图像分割的目的，又或者通过对图像进行区域化的处理进行分割等。

（1）阈值分割

阈值分割是传统图像分割技术中较为简单、高效、易于理解的一种分割技术，因而在实际中得到了广泛的应用。其基本原理是通过设定不同的特征阈值，以此来把图像中的像素点划分为若干个类别。阈值分割中最为常用的几种算法为：最大类间方差法（OTSU）、最大熵法、最小误差法。

最大类间方差法最初是由日本研究人员提出的，该方法首先将图像进行灰度化处理，随后按照灰度特性，将图像分为前景和背景。当将部分背景错分为前景或将前景错分为背景时，会导致前景和背景之间的差距缩小，也就意味着当类间方差越小，错分概率越大，反之亦然。

假设在灰度图像 $I(x, y)$ 中，前景像素占比为 W_p，背景像素占比为

W_b, 前景像素平均灰度为 U_p, 背景像素平均灰度为 U_b, $I(x, y)$ 平均灰度为 U, 则阈值的计算如下:

$$U = W_p U_p + W_b U_b , \tag{10-1}$$

$$g = W_p (U_p - U)^2 + W_b (U_b - U)^2 , \tag{10-2}$$

$$\hat{g} = W_p W_b (U_b - U_p)^2 。 \tag{10-3}$$

求得 g 的最大值记为 $g_{\max}$ 则为最佳的灰度分割阈值。最大类间方差分割方法对单峰图像则具有较好的分割效果,而对于双峰或多峰图像则分割效果不理想。

最大熵法是一种运用广泛的数学方法,一直被广泛应用于图像分割领域。熵可以用来评价一个分布的均匀程度,熵越大则意味着此分布越均匀,因而对于一幅图像的分割,我们在不知道任何其他条件的情况下,使用最大熵阈值分割算法就是旨在找到某个阈值 T, 使得熵最大,此时的 T 就是最佳阈值。

假设在灰度图像 $I(x, y)$ 中,设定一个分割阈值 T 满足 $(0 \leqslant T \leqslant K-1)$ 对于其所分割的图像前景区域记为 C_0, 背景区域记为 C_1, 其估算概率密度可表示为:

$$C_0 : \left(\frac{p(0)}{P_0(T)} + \frac{p(1)}{P_0(T)} + \frac{p(2)}{P_0(T)} + \cdots + \frac{p(q)}{P_0(T)}, \ 0, \ \cdots, \ 0, \ 0 \right) ,$$
$$\tag{10-4}$$

$$C_1 : \left(0, \ 0, \ \cdots, \ 0, \ \frac{p(q+1)}{P_1(T)} + \frac{p(q+2)}{P_1(T)} + \frac{p(q+3)}{P_1(T)} + \cdots + \frac{p(K-1)}{P_1(T)} \right) ,$$
$$\tag{10-5}$$

$$P_0(T) = \sum_{i=0}^{q} p(i) = P(q) , \tag{10-6}$$

$$P_1(T) = \sum_{i=q+1}^{K-1} p(i) = 1 - P(q) 。 \tag{10-7}$$

式中,$P_0(T)$, $P_1(T)$ 分别表示图像在阈值 T 分割下的前景和背景像素的累计概率,其对应的熵如下所示:

$$H_0(T) = - \sum_{i=0}^{q} \frac{p(i)}{P_0(T)} \log_2 \frac{p(i)}{P_0(T)} , \tag{10-8}$$

$$H_1(T) = - \sum_{i=q+1}^{K-1} \frac{p(i)}{P_1(T)} \log_2 \frac{p(i)}{P_1(T)} , \tag{10-9}$$

$$H(T) = H_0(T) + H_1(T) \text{。} \tag{10-10}$$

式中，$H(T)$ 即为图像在阈值 T 下的熵，计算所有阈值下的熵找到使得 $H(T)$ 最大的 T 值记为 $T_{\max}$ 此值便为最佳分割阈值，对于灰度图像 T 值有 256 个。

最小误差分割法，是一种基于直方图的阈值分割方法。其核心在于计算目标和背景的均值、方差再以此得到目标函数，求取目标函数最小的的阈值即为最佳阈值。假设灰度图像 $I(x, y)$，其前景和背景满足混合高斯模型，$I(x, y)$ 表示图像中坐标为 (x, y) 的像素点其灰度值为 $I(x, y) \in G = [0, 1, 2, \cdots, L-1]$，对于灰度图像而言 $L = 256$，图像一维直方图 $h(g)$ 表示图像中各灰度出现的频数，因此可以用一维直方图来描述图像分布的概率，理想混合正态分布如下所示：

$$p(g) = \sum_{i=0}^{k} P_i p(g \mid i) \text{，} \tag{10-11}$$

式中，P_i 是子分布的先验概率 $p(g \mid i)$ 服从期望为 μ_i，方差为 σ_i^2 的正态分布如下所示：

$$p(g \mid i) = \frac{1}{\sqrt{2\pi}\,\sigma_i} \mathrm{e}^{-\frac{(g-\mu_i)^2}{2\sigma_i^2}} \text{，} \tag{10-12}$$

假设灰度阈值取为 t，则对各个参数估计如下：

$$P_0(t) = \sum_{g=0}^{t} h(g) \text{，} \tag{10-13}$$

$$P_1(t) = \sum_{g=t+1}^{L-1} h(g) \text{，} \tag{10-14}$$

$$\mu_0(t) = \frac{\sum_{g=0}^{t} h(g)g}{P_0(t)} \text{，} \tag{10-15}$$

$$\mu_1(t) = \frac{\sum_{g=t+1}^{L-1} h(g)g}{P_1(t)} \text{，} \tag{10-16}$$

$$\sigma_0^2(t) = \frac{\sum_{g=0}^{t} (g-\mu_0(t))^2 h(g)}{P_0(t)} \text{，} \tag{10-17}$$

$$\sigma_1^2(t) = \frac{\sum_{g=t+1}^{L-1} (g-\mu_1(t))^2 h(g)}{P_1(t)} \text{，} \tag{10-18}$$

$$J(t) = 1 + 2[P_0(t)\ln \sigma_0(t) + P_1(t)\ln \sigma_1(t)] -$$
$$2[P_0(t)\ln P_0(t) + P_1(t)\ln P_1(t)]。 \tag{10-19}$$

最佳阈值选为使得 $J(t)$ 最小的 t，记为 $t_{\min}$，便是最佳分割阈值。

（2）边缘分割

基于边缘的图像分割算法是传统分割算法中诞生比较早的，但现在依然有大批学者热衷研究的一种分割技术。首次提出边缘检测技术是运用于电视信号的编码，随后延伸到基于直方图的边缘检测分割，直至后来研究人员提出了一些比较好的微分算子，边缘检测的各种结合算法开始兴起。

本小节将介绍 2 种比较经典的边缘检测微分算子，即 Roberts 算子和 Prewitt 算子。Roberts 算子是一种利用局部差分算子边缘检测的算子，对具有陡峭的低噪声图像具有较好的分割效果。Roberts 算子模板如下：

$$d_x = \begin{bmatrix} -1 & 0 \\ 0 & 1 \end{bmatrix}, \ d_y = \begin{bmatrix} 0 & -1 \\ 1 & 0 \end{bmatrix}, \tag{10-20}$$

式中，d_x 表示 x 方向上的偏导数，d_y 表示 y 方向上的偏导数，局部像素如下：

$$P = \begin{bmatrix} P1 & P2 & P3 \\ P4 & P5 & P6 \\ P7 & P8 & P9 \end{bmatrix}。 \tag{10-21}$$

则 P5 在 x，y 方向的梯度大小 g_x，g_y 如下所示：

$$g_x = P5 - P1, \qquad g_y = P8 - P6。 \tag{10-22}$$

Prewitt 算子同样是一种边缘检测微分算子，相对而言，Prewitt 算子比 Roberts 算子检测效果要更好，适合用来识别噪声较多、灰度渐变的图像。Prewitt 算子模板如下：

$$d_x = \begin{bmatrix} -1 & 0 & 1 \\ -1 & 0 & 1 \\ -1 & 0 & 1 \end{bmatrix}, \ d_y = \begin{bmatrix} -1 & -1 & -1 \\ 0 & 0 & 0 \\ 1 & 1 & 1 \end{bmatrix}, \tag{10-23}$$

假设其局部像素如式（10-21）所示，则 P5 在 x，y 方向的梯度大小 g_x，g_y 如下所示：

$$g_x = (P7 + P8 + P9) - (P1 + P2 + P3), \ g_y = (P3 + P6 + P9) - (P1 + P4)。 \tag{10-24}$$

（3）区域分割

区域分割法是传统分割技术中一种经典的分割技术，其运用范围广泛。

区域分割法，就是将目标图像分成很多个不同的子区域，能有效地克服图像分割空间小，连续的问题，获得较好的区域特征，从而得到较高的分割精度。在区域分割中最常使用的方法有阈值法、区域生长、区域分裂和分水岭算法等。其中阈值法在上面小节已介绍过，本节介绍区域生长、区域分裂与合并和分水岭3种算法。

区域生长法是区域分割技术中非常简单易于操作的一种算法，区域生长算法是从一个种子像素作为生长起点，按照一定的生长准则，将其领域内具有较大相似性的像素慢慢聚合起来，以此形成小区域，在逐渐生长成大区域，最终达到对图像的分割目的。种子区域生长算法最关键的问题是种子的选取和相似区域判定准则的制定。种子的选择可以根据需求手动设定或者按照某种规则让其自动设定，而判断准则的制定对于灰度图则可以概述为阈值的选择。因此区域生长算法的一般实现步骤如下：

第一步，随机或者对图像进行扫描，找到第一个还没有赋予属性的像素，又或者设定某种规则使其找到第一个某种属性的像素，设该像素为 (x_0, y_0)。

第二步，以 (x_0, y_0) 为中心，考虑 (x_0, y_0) 的4邻域、8邻域或设定的任意邻域像素，(x, y) 与种子像素的灰度值之差的绝对值小于某个阈值 T，如果满足条件，将 (x, y) 与 (x_0, y_0) 合并，同时将 (x, y) 保存。

第三步，从保存的 (x, y) 取出一个像素，继续按照第二步执行。

第四步，直到第二步保存的像素 (x, y) 取尽为止，再次返回到第一步，寻找下一个生长点进行新的区域生长。

第五步，重复上述4个步骤，直到图像中每个像素都被划分到了归属生长区域，生长结束。

区域分裂与合并法不同于区域生长法从单个像素点出发的特点，区域分裂与合并法，是从整个图出发，先将整个图像任意划分为多个不同小区域，然后在以某种准则去再次拆分或者合并小区域。最后，在通过合并将相同的特征区域合并起来。区域分裂合并的一般操作步骤如下：

第一步，制定相似性准则，假定准则为 T。

第二步，按照准则 T 将图像分裂为若干个子区域，假定分割为4个子区域。

第三步，将得到的4个子区域再次按照准则 T 分裂为4个子区域。

第四步，直至将图像按照准则 T 分裂到全部符合准则后停止分裂，不再进行分裂操作。

第五步，分裂结束，将得到的特征进行相似性合并，例如子区域 A1 和子区域 A2 合并 A1∪A2 符合准则 T 则合并成功。

第六步，重复第五步，直至所有子区域都重新有了新的属性。

分水岭算法是目前在传统分割算法中应用比较广泛的一种分割算法，从该算法的名字上很容易联想到地形图，此算法的思想的确源于地形学。实质上是一个洼地积水的过程。该算法的大致步骤分为以下 4 个步骤：

第一步，将图像进行灰度化处理，每个像素点的像素等级即为此位置的海拔高度，灰度等级为 0 的即为盆地的最低洼处。

第二步，对灰度图像求梯度，对应的将梯度看作地形图的高低起伏程度，其中梯度较小的区域为盆地，而梯度较大的构成山脊。

第三步，开始往盆地注水，在水位慢慢上升的过程中可能会出现溢出连通两个盆地的情况，此时在两个盆地交界处筑起堤坝防止两个盆地连通。

第四步，直到堤坝达到最高山脊的时候不再注水，此时每个盆地对用一个分割区域。

10.2 深度学习图像分割方法

在深度学习图像分割方法上，我们往往需要构建一个特定的网络框架模型，并对这个网络框架进行训练，在强监督的学习的条件下，我们需要对网络输入大量的强标记图片，网络通过对输入图像的循环往复学习，不断迭代优化网络模型的参数，最终获得一个比较优化的网络模型参数。当再次输入未知图像时可以通过保存下来的模型参数自动分割图像。基于深度学习的图像分割方法不同于传统图像分割方法，其往往需要大量的图像数据参与网络模型的学习拟合。而在本节主要介绍当前在深度学习图像分割方法上较为流行的框架和处理方法。在基于深度学习的分割方法中，最重要的是如何获得图像的特征，获得一个较好的特征决定模型最后的质量。在提取图像特征这个环节，通常会使用一些比较成熟并且具有广泛接受性的特征提取网络，诸如常见的 AlexNet、GoogLeNet、VGGNet、ResNet 等网络，包括由其衍生和改进的网络。

（1）全卷积神经网络

全卷积神经网络（FCN）于 2014 年由 Jonathan Long 等提出，其主要贡献在于使用全卷积网络取代原有的全连接层部分，这使得其可以输出任意分辨率的特征图。因此 FCN 可以对每个像素产生一个类别预测，同时还保留了原始图片的空间信息，使得网络最终可以对输入图像的每个像素都进行预测，从而达到分割的目的。FCN 的提出使得深度学习应用于图像分割有了一个质的飞跃，随后在这一领域也逐渐开始衍生出更多其他类型的全卷积神经网络。

FCN 结构主要由 4 个部分组成，即图像输入部分、特征提取部分、跳跃上采样部分、预测输出部分，其框架如图 10-1 所示。

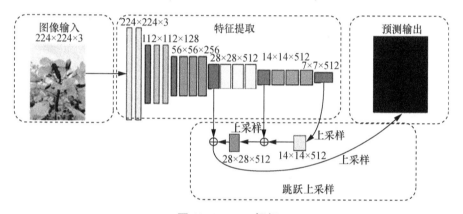

图 10-1　FCN 框架

图 10-1 展示了 FCN 的整个框架，图像输入块是需要进行分割的图像，一般需要对图像进行一些前期的预处理，诸如去噪、裁剪、翻转等操作。在特征提取块使用预先选取的特征提取网络，FCN 采取了 VGG-16 作为特征提取网络。在跳跃上采样块需要对低分辨率的图像进行还原，使得其大小恢复到原图大小，在这个过程中需要对低分辨率的特征图进行上采样的操作，常见的上采样方法有反卷积和双线性插值等，FCN 采取了跳跃结构的反卷积进行上采样；首先，对 7 像素×7 像素的特征图进行第一次上采样，使得其变为 14 像素×14 像素大小的特征图与原结构的 14 像素×14 像素的特征图相加融合，得到新的 14 像素×14 像素大小的特征图；其次，对新的14 像素×14 像素特征图上采样得到 28 像素×28 像素的特征图与原结构28 像素×28 像素的特征图相加融合得到新的 28 像素×28 像素特征图；最后，对新的 28 像

素×28 像素特征图再进行上采样操作恢复到原图大小；在这个上采样的融合操作过程中，网络结构完成了对不同层次分辨率特征图的融合，使得最后的特征图具有多层次的语义信息。最后在预测输出块得到了最终的分割结果。

（2）PSPNet

PSPNet 金字塔场景解析网络是 2017 年香港中文大学的研究团队提出的，此网络结构是在 FCN 网络结构上面改进发展而来的，PSPNet 的主要思想在于收集不同层次的信息，而后对图像进行解析，最终分割。

在 PSPNet 结构中，替换了 FCN 用于特征提取的 VGG-16 网络结构，转而采用了性能更佳的 ResNet 残差网络，以获取更好的特征。PSPNet 一个最大的创新在于其在最后对所提取到特征的处理上采用了金字塔的结构，由此可以获取到不同层次的语义信息，其网络结构如图 10-2 所示。

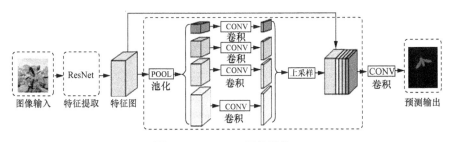

图 10-2 PSPNet 网络结构

由图 10-2 可以看出 PSPNet 融合多个尺度的特征性信息相对于 FCN 来说要更加丰富和高效。

（3）DeepLab

DeepLab 系列框架是由谷歌在 2015 年开始提出的，截止到 2018 年该框架历经了 4 次更新完善。该框架创造性地提出了空洞卷积的思想，并且吸收了其他框架的优秀思想，目前该框架的图像分割性能非常优越，被广大科研人员接受和使用。

DeepLab 系列框架提出了空洞卷积，有异于传统的卷积，空洞卷积在不增大计算开销的情况下能扩大卷积的感受野，这使得设置不同空洞率的卷积核可以获取到不同层次的语义信息，并且采用空洞卷积，通过控制空洞率可以减去特征提取网络中的池化操作同样可以达到降为生成低分辨率特征图的目的，图 10-3 展示了普通卷积和不同空洞率的卷积。

DeepLab 系列框架除采用了不同空洞率的卷积之外，在后续的更改版网

　　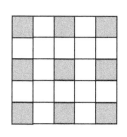　　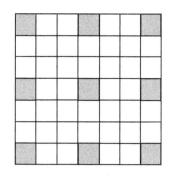

普通卷积　　　　　　　　　空洞率的卷积=1　　　　　　　空洞率的卷积=2

图 10-3　普通卷积和不同空洞率的卷积

络中也采用了特征金字塔的结构，并且更进一步地加入了图像金字塔的策略。对于主干网络特征提取方面 DeepLab 系列框架在后续的修改版本中尝试使用了 Xception 深度可分离的卷积神经网络，并且增添了图像级的特征用来获取深层次的语义信息，由此来加强对图像的理解，最终达到有效且高精度的分割。

在上述提到的基于深度学习的图像分割框架中，有几个过程是非常重要的，可以概括性地总结为特征提取阶段和图像恢复阶段。在特征提取阶段往往需要对图像进行多次下采样以获取不同层次的语义信息特别是深层次的语义信息，在这个过程中特征图的分辨率在不断变化。上述图像特征提取虽然可以获取到深层次的语义信息但是也不可避免地破坏了图像的空间结构，同时丢失了图像的细节信息。在上采样恢复图像的过程中图像空间信息的破坏和细节信息的丢失便会造成图像恢复的不完整，直接导致图像分割质量下降。因此在基于深度学习的图像分割中，对低分辨率的特征图进行上采样恢复的过程是一个尤为重要且关键的环节，采取何种形式的上采样会直接影响到最终图像的分割质量。通常情况下研究人员最喜欢使用的上采样方式是双线性插值上采样和反卷积上采样。

双线性插值上采样的操作简单，是基于像素间的相对位置来完成的，其优点是几乎不会增加计算开销并且速度快。但是，由于采用的是粗暴的基于像素位置的插值上采样，在恢复过程中其对图像内容信息的感受就有局限性，容易导致像素之间的关联性下降，最后恢复出来的图像分割质量较差。

反卷积上采样的方式与正常的卷积提取特征操作是类似的，不同点在于反卷积后需要将图像的分辨率变大，在反卷积操作中通常是需要学习一些参数层的，这也就使得反卷积上采样在恢复过程中具有一定的自主学习性，是有益于图像的分割质量的。但反卷积操作会加大计算开销，并且其恢复过程中对于图像全局信息的理解是有局限的。

由此可以知道，图像在上采样恢复过程中并非是一件易事，目前有大量科研人员对图像上采样恢复这一过程尤为感兴趣，2019年科研人员提出了数据依赖型上采样，可以在图像下采样过程程中存储好像素间的关系，然后将此类关系在上采样恢复过程中通过矩阵运算映射回原图，由此加强了在上采样过程中对于原图语义信息的理解。

10.3　图像分割技术在实际场景中的应用

图像分割技术在医学领域的应用：随着医学影像学设备的快速发展和普及，成像技术包括磁共振成像（MRI）、计算机断层扫描（CT）、超声、正电子发射断层成像（PET）等，成为医疗机构开展疾病诊断、手术计划制定、预后评估、随访等不可或缺的设备。全世界每天都产生大量的医学影像学信息，有报道显示全世界医学影像信息量占全世界信息总量的1/5以上。医学图像处理是分析医学图像的首要步骤，有助于使图像更加直观、清晰，提高诊断效率，因此国内外都十分重视医学影像处理。图像分割是图像处理的重要环节，也是难点，是制约三维重建等技术应用的瓶颈性问题。近年来，由于深度学习方法的迅速发展，基于深度学习的图像分割算法在医学图像分割领域取得了显著的成就。

图像分割在自动驾驶领域中的应用：随着汽车技术的快速发展及国民经济的逐步提高，汽车成为人们主要的交通工具。然而，随着汽车保有量和道路交通流量的不断增加，一系列的交通事故的发生引起了人们的关注。各国都在研发与应用车辆的安全驾驶技术，图像处理技术被运用于车道线检测，利用图像处理技术的核心——基于摄像头的视觉感知系统。当汽车行驶时，摄像装置将汽车外的目标景物根据小孔成像的原理投射到图像传感器上，然后图像传感器根据光照强度的不同产生不同强度的电流，经过一系列的处理转换变成数字信号传递到计算机控制中心。计算机根据这些数字化的信号，对图像进行识别、处理、分析。

图像分割技术在时尚领域的应用：在电商场景下，时尚商品的展示页面经常需要通过图像分割技术生成"透底图"，以此产生针对不同用户生成"千人千面"的页面展示。这种应用场景特别注重对商品锯齿边缘的处理。在日常图像场景下，也需要对图像中出现的时尚品进行精细分割。针对时尚领域的图像分割技术，通常都是针对服饰类物体进行分割，而服饰分割大部分情况下则依赖于对人体的分析。服饰通常都是以人体作为上下文信息出现的，故人体的特征可以为此提供较强的先验知识。

10.4　总　结

图像分割技术是一项针对图像精细化处理的研究，无论是科研人员在早期提出的传统分割技术，还是近年来伴随着深度学习的崛起，深度学习方法引入图像分割技术中不断推陈出新的基于深度学习的分割技术，它们都具有各自的应用范围和场景，也各有其优劣。

在传统的分割技术中，我们常见的有阈值分割、边缘分割和区域分割，一般针对的是灰度图像，并且很多传统的分割算法只对简单场景图片具有比较好的分割效果，对于复杂场景的图像很难起到较好的分割效果，并且传统的分割技术往往需要人为的干预，设置某些分割准则，这是传统分割算法的明显缺陷所在。但是传统分割算法也具有其优势，在传统分割技术中通常不需要大量的图片进行学习，对分割的图片都是拿来即分割，并且所需要的计算资源也往往比较有限，因而传统的图像分割技术在一些简单场景图像中一般更具有优势和实用性。

基于深度学习的图像分割技术其优势是显而易见的，它对于复杂场景的图像具有较好语义分析理解、适应性强、具有较好的鲁棒性、能够达到较高的分割质量。但是基于深度学习的图像分割技术需要海量的数据供网络模型训练学习使用，其对数据的依赖性较强，并且基于深度学习的分割技术也比较消耗计算资源，因此将其实用化将会是以后研究的一种挑战。

第十一章 深度神经网络特征
在实际场景中的应用

11.1 深度神经网络在甲骨文识别中的应用

11.1.1 甲骨文研究的重要意义及研究目的

甲骨文是我国迄今为止已知最早的成熟文字系统，是文字的源头。甲骨文记载了殷商时代王室的占卜记录，其文字关乎人神、天象、祭祀、婚娶、农业、居室、衣服、动植物等，其中有着丰富的历史研究内容，具有重要的史料价值，因此一直是学术界研究的焦点之一。从 1899 年发现甲骨文至今，学术界对其研究取得了巨大的成就，其中对甲骨文的考释一直是重要研究内容。目前发现甲骨文成熟单字约有 4500 个，其中可完全释读的约有 2000 字，考释难度极大，图 11-1 展示了 342 个甲骨文字模。纯人工甲骨文研究依赖大量专家的长期学术钻研和经验的积累，我国的甲骨文专家很少，这在研究人员上有一定的局限性。计算机技术的发展对甲骨文研究提供了有力的工具，随着大量甲骨文数字化研究资料的丰富，甲骨文的基本数据规模日渐增大，海量式和系统化的甲骨文数据更为计算机技术研究甲骨文提供了保障。

除了解读未知甲骨文字，对甲骨文数据本身进行分析也十分重要。近年来在计算机视觉领域图像检测识别取得了巨大的成功，这为甲骨文大数据分析识别提供了有效的研究途径。通过深度学习方法利用深度卷积神经网络研究面向甲骨文字精确检测识别的关键问题，进行甲骨文字的深度特征提取、

网络模型构建及甲骨文字深度表示，可以有效地解决一些难点，以获得对甲骨文研究的新进展。

图 11-1　甲骨文字模

11.1.2　甲骨文识别研究现状

在 1996 年以前，中国古文字识别还是空白。1996 年 10 月周新伦、李锋等较早探索了甲骨文计算机识别方法，提出了一种甲骨文两级分类的识别方法，即取甲骨文字图的拓扑特征作为第一级识别，在给定的自定义广义笔画上提取相关特征进行第二级识别。同年 12 月李锋和周新伦在《甲骨文自动识别的图论方法》中提出了一种基于图论方法识别甲骨文的理论和技术。它的核心思想是把甲骨文当作无向图来处理，以提取它的图特征作为甲骨文识别依据。2010 年，吕肖庆和李沫楠等为探索甲骨文自动分类问题，提出了一种基于曲率直方图傅里叶描述子——FDCH，并将这种特征进一步应用于对甲骨文文字的分类。次年，栗青生等提出利用图同构的方法来识别甲骨文字形，这种方法对于那些甲骨文中不同构但是仍为同一字形的异写字的识别没有进行处理，而且虽然同构但是却不是同一个字形的情况大量存在，这种算法的鲁棒性很低，因而实用性受到限制。因此，顾邵通提出了一种基于分形几何的甲骨文识别方法，利用分形几何的原理，通过计算字形及各个象限的分形维数，将甲骨文字形形式化为一组分形描述码，再通过对甲骨文字形的分形特征库进行配准，从而识别出该甲骨文字形。

但针对甲骨文的模糊字形处理，常用的基于图论的模式识别方法并没有达到理想的效果，尤其是一些甲骨拓片的残字更是难以处理。针对甲骨文残缺字的特点，高峰和吴琴霞等于 2014 年提出了一种基于语境的统计分析和 Hopfield 网络相结合的模糊匹配识别方法。该方法利用语境分析生成的候选字库得到对应的甲骨文语义构件向量，然后结合基于 Hopfield 网络的识别结果计算待识别的甲骨文模糊字的匹配度，根据匹配度确定目标甲骨文字。

2017 年，刘永革和刘国英发表的《基于 SVM 的甲骨文字识别》中采用支持向量机（SVM）分类计数研究甲骨文字图片的识别技术。该方法主要针对异形体出现次数较多或样本数量较少的甲骨文字，采用支持向量机分类技术研究甲骨文字图片的识别技术，通过实验证明达到 88% 的准确率。

11.1.3　深度卷积神经网络在甲骨文识别上的应用

研究工作者在甲骨文分类识别领域已经取得了丰硕的成果，但现有的研究方法存在一定的局限性。深度卷积神经网络已广泛应用于图像识别任务，是近年来计算机视觉领域取得的一项重要突破。传统的研究方法没有很好地提取和学习甲骨文特征，深度卷积神经网络强大的建模和表征能力很好地解决了特征表达能力不足等关键问题。

11.1.3.1　卷积神经网络

卷积神经网络（CNN）是一类包含卷积计算且具有深度结构的前馈神经网络（Feedforward Neural Networks），是深度学习的代表算法之一。与传统的分类方法相比卷积神经网络对高维特征有良好的表征能力和更好的学习和泛化能力，目前在图像分类、语音识别、目标检测等领域广泛应用。

1998 年，Lecun 等提出的 LeNet-5 采用了基于梯度的反向传播算法对网

络进行有监督的训练。经过训练的网络通过交替连接的卷积层和下采样层将原始图像转换成权值共享的特征图，最后通过全连接的神经网络针对图像的特征表达进行分类，然后采用反向传播算法对卷积神经网络进行监督训练。卷积层的卷积核完成了感受野的功能，可以将低层的局部区域信息通过卷积核激发到更高的层。LeNet-5 是早期卷积神经网络中最有代表性的实验系统之一，它在手写字符识别领域的成功应用引起了学术界对于卷积神经网络的关注。

随着卷积神经网络研究的不断加深，训练参数变得越来越复杂使得计算量迅速增长，训练使得拟合出现局部最优，以及过拟合现象。2006 年，Hinton 提出更深层结构的卷积神经网络的特征表达明显优于浅层神经网络，可以更好地拟合数据的模型。另外，指出通过对卷积神经网络逐层初始化可以大大降低深度卷积神经网络的训练难度，依此改善了之前的问题现状。

2012 年深度卷积神经网络进入了广泛研究阶段。Krizhevsky 等提出的 AlexNet 在大型图像数据库 ImageNet 的 2012 图像分类竞赛中以准确度超越第二名 11% 的巨大优势夺得了冠军，使得卷积神经网络成了学术界的焦点。AlexNet 将 LeNet 的思想发扬光大，把卷积神经网络的基本原理应用到了很深很宽的网络中。首次成功运用了 ReLU 作为 CNN 的激活函数，并验证其效果在较深的网络超过了 Sigmoid，成功解决了 Sigmoid 在网络较深时的梯度弥散问题。在训练时使用 Dropout 随机忽略一部分神经元，以避免模型过拟合。在网络中使用最大池化，避免平均池化的模糊化效果，提升了特征的丰富性。AlexNet 提出了 LRN 层，对局部神经元的活动创建竞争机制，使得其中响应比较大的值变得相对更大，并抑制其他反馈较小的神经元，增强了模型的泛化能力。而且 AlexNet 使用的数据增强机制大大减轻过拟合，提升泛化能力。

AlexNet 之后，不断有新的卷积神经网络模型被提出，比如牛津大学的 VGG 采用 3×3 的卷积核使得在保证具有相同感受野的条件下提升了网络深度，在一定程度上提升了神经网络的效果；在结构上，GoogLeNet 中使用多尺度处理方法对卷积神经网络进行优化，其中 inception 模块用大密度的小模块近似替代图像中最优局部系数结构来达到了有效的降维，在此基础上增加了网络的宽度和深度，减少了训练参数；之后的 ResNet 解决了随着网络深度加深，解决了梯度弥散和性能退化的问题。这些网络结构刷新了 AlexNet 在 ImageNet 上创造的纪录。并且卷积神经网络不断与一些传统算法相融合，加上迁移学习方法的引入，使得卷积神经网络的应用领域获得了快速的扩展。一些典型的应用包括：卷积神经网络与递归神经网络结合用于图像的摘要生成以及图像内容的问答；通过迁移学习的卷积神经网络在小样本图像识别数据库上取得了大幅度准确度提升；以及面向视频的行为识别模型——3D卷积神经网络等。

由于深度学习方法需要大量的数据，因而系统化和海量化的甲骨文数据至关重要，可为研究甲骨文提供数据上的支持。将深度学习应用在甲骨文特殊的图像识别任务中，结合传统特征提取算法更好地表征甲骨文字符，使卷积神经网络所得特征更加接近于甲骨文字符的本质，为识别甲骨文字及预测语义提供数据支撑和新的研究思路。

拟将甲骨字部首融入深度卷积神经网络模型中，研究模拟相似甲骨文之间的关联信息，研究分析甲骨文部首目标训练库中已知图像特征模式图。通过深度特征网络的相关性关系确定输出的层次化甲骨文部首特征。针对甲骨文这种特殊非自然场景的数据集样本，信息含量小但具有丰富的异构体和多样性，如图 11-2 所示，使用经典的卷积神经网络来解决复杂多样的甲骨文识别问题；传统特征作为先验知识提高模型识别精度；字符的特征提取是一个重要步骤，字符的纹理特征、方向特征等包含了字符识别的重要信息，卷积神经网络是在训练过程中将特征提取和分类合为一体的端到端的神经网络络。而卷积神经网络是一个学习的黑匣子，忽略了一些无法由卷积神经网络学习的一些有效领域特定信息。对于字符样本的信息，一些传统特征提取方法有助于研究。

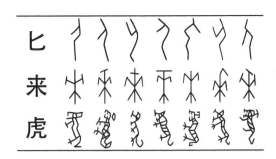

图 11-2　甲骨文异构字

从图像中提取有用的特征，并且在手写体汉字识别中取得了很好的应用效果。对甲骨文图像字符提取 Gabor 特征作为先验知识，并将获得的特征映射添加到输入层及原始图像中，增强了识别网络的性能；数据增强技术：由于深度学习方法需要大量的数据，为解决甲骨文字样本稀缺问题，使用数据增强技术来生成一个新的数据集。数据集增强可以有效地提高模型的识别精度。

11.1.3.2 传统特征提取

在图像处理中，通常会进行特征提取，而特征提取通常利用滤波器对图像进行操作，提取图像中各种有用的统计信息如颜色、纹理、朝向等。滤波器的作用随着其特点的不同而不同。

Gabor 滤波器是一种用于纹理分析的线性滤波器，它主要分析的是图像在某一特定区域的特定方向上是否有特定的频率内容，特别适合于纹理表示和辨别。Gabor 滤波器的频率和方向的表达与人类的视觉系统很相似，在空间域中，2D Gabor 滤波器是由正弦平面波调制的高斯核函数。

二维 Gabor 函数的数学表达式如公式（11-1）：

$$g(x, y; \lambda, \theta, \psi, \sigma, \gamma) = e^{-\frac{(x')^2+(\gamma y')^2}{2\sigma^2}} e^{i(2\pi\frac{x'}{\lambda}+\psi)}, \tag{11-1}$$

其中，

$$\begin{aligned} x' &= x\cos\theta + y\sin\theta, \\ y' &= -x\sin\theta + y\cos\theta, \end{aligned} \tag{11-2}$$

式中，ψ 表示相位偏移，λ 表示正弦函数波长，θ 表示 Gabor 核函数的方向角，σ 表示高斯函数的标准差，γ 表示空间的宽高比。

图像 Gabor 滤波器特征提取如式（11-3）：

$$F(x, y; \lambda, \theta, \psi, \sigma, \gamma) = I(x, y)g(x, y; \lambda, \theta, \psi, \sigma, \gamma)。 \tag{11-3}$$

式中，I 表示输入图像，g 表示 Gabor 滤波器，F 是 Gabor 特征图。

Gabor 特征是一种可以用来描述图像纹理信息的特征。此外，Gabor 小波对于图像的边缘敏感，能够提供良好的方向选择和尺度选择特性。Gabor 滤波器可以提取不同方向上的纹理信息，它对于光照变化不敏感，能够提供对光照变化良好的适应性，能容忍一定程度的图像旋转和变形，对光照、姿态具有一定的鲁棒性。

11.1.3.3 数据增强机制

卷积神经网络具有不变性的性质，即使卷积神经网络被放在不同方向上，它也能进行对象分类。更具体地说，卷积神经网络对平移、视角、尺寸

或照度（或以上组合）保持不变性。在深度学习中，一般要求样本的数量要充足，样本数量越多训练出来的模型效果越好，模型的泛化能力越强。但是实际中，样本数量不足或者样本质量不够好，这就要对样本做数据增强，来提高样本质量。数据增强可以增加训练的数据量以提高模型的泛化能力；增加噪声数据以提升模型的鲁棒性。在图像分类任务中，对于输入的图像进行一些简单的平移、缩放、颜色变换等，不会影响图像的类别。

由于甲骨文数据集包含的样本有限，而对于深度卷积神经网络需要大量的训练数据才能得到一个较好的识别模型，所以可以通过数据增强技术以扩充甲骨文数据样本。现有的数据增强技术有：反射变换、翻转变换、缩放变换、平移变换、尺度变换、对比度变换、噪声扰动、颜色变化等。针对甲骨文这种非自然场景的特殊数据集，采用图片镜像、垂直翻转、旋转 90° 和 180° 这 4 种方法来增强数据样本，如图 11-3 所示。

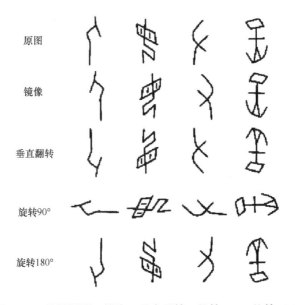

图 11-3　数据增强：镜像、垂直翻转、旋转 90°、旋转 180°

11.1.4　基于深度卷积神经网络的甲骨文识别

针对甲骨文这种特殊数据集，图片背景单一，目标突出，特征明显易于学习。采用一定深度结构的卷积神经网络可以得到更贴合数据本身的高维特征，利于网络的分类学习。选用如图 11-4 所示的 50 类甲骨文进行模型训练，50 类甲骨文字模及其对应汉字释义如图 11-5 所示。采用 AlexNet 网络进行甲骨文字的识别模型训练。

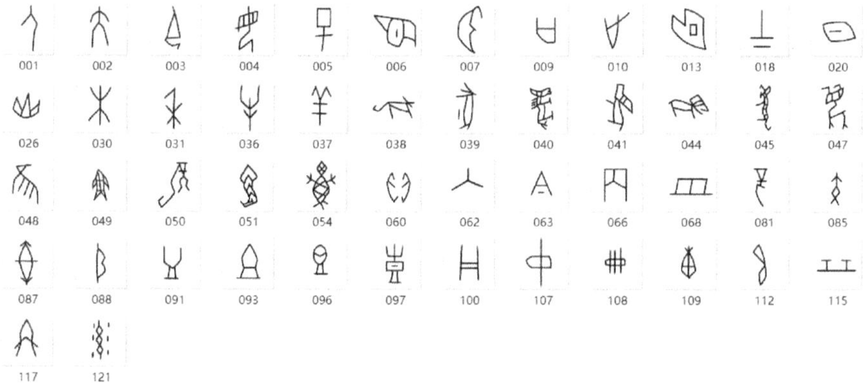

图 11-4　50 类甲骨文数据样本

001 人（匕）	002 大	003 卩（单 耳刀)	004 女（朝左) 奴（朝右)	005 巳	006 目	007 耳	009 口	010 止	013 首
018 示	020 日	026 火	030 木	031 禾	036 牛	037 羊	038 犬	039 （豕)	040 马
041 兕	044 兔	045 虎	047 鹿	048 隹（只)	049 鱼	050 龙	051 它	054 龟	060 心（贝)
062 入	063 今	066 内	068 户	081 龙	085 矢	087 执	088 弓	091 皿	093 酉
096 皀	097 豆（zhu 去声)	100 凡	107 中	108 册	109 叓	112 师	115 爿	117 冉	121 率（午)

图 11-5　50 类甲骨文样本对应汉字

　　对基础甲骨文数据进行数据增强，采用图片镜像、垂直翻转、旋转 90° 和 180° 共 4 种方法来增强数据样本，得到新数据集 SetN。对 SetN 通过 gabor 滤波器进行特征提取，gabor 特征作为先验知识添加到神经网络输入层经过网络提取高维特征更贴合甲骨文数据本身。训练卷积神经网络需要训练图片和相应标签，将甲骨文训练图片按照10：1随机分成训练集和验证集，生成相应训练样本的标签，其中包含每一张图片对应路径及其类标。识别模型的测试结果如图11-6所示，数字为甲骨文识别结果。

图 11-6　测试结果

50类甲骨文字不同方法的识别精度结果对照如表11-1所示。测试精度最高的模型是以 Gabort 映射＋SetN＋AlexNet 为输入的识别模型。AlexNet 网络的深度结构能够很好地学习甲骨文复杂多变的字符结构，可以高精度拟合识别模型。采用 Gabor 映射和 Gabort 映射联合数据集 SetN 对 AlexNet 模型进行训练，在相同的网络结构下分别取得了96.98%和97.82%比较好的识别效果。

表 11-1　识别精度比对

方法	识别准确率
AlexNet	96.22%
Gabort maps +AlexNet	96.98%
Gabort maps+SetN+AlexNet	97.82%

利用深度学习方法从甲骨文部首的特征提取难、小样本、多样性问题出发，从甲骨文部首识别的深度特征提取、网络模型构建及甲骨文部首深度表示问题着手，通过构建简化的深度卷积网络特征提取模型来弥补传统特征学习的不足。基于卷积神经网络建立一套高精度的算法模型来解决面向甲骨文部首精确识别的关键问题，可以有效地分析和识别甲骨文字符，为甲骨文研究提供了一种新的思路和方法途径。

11.2 基于深度特征的烟雾识别方法

据统计，在 2004—2018 这 15 年时间里，中国平均每年发生火灾事件高达 18 万起，这将导致不可避免的人员伤亡及严重的经济损失。然而，近两年的火灾事件更是创历史新高，对人类生活造成了难以估量的损失，全世界每年大约有 1% 的森林毁于火灾，同时，火灾排放的 CO_2 量超过全球总排放量的 1/5，导致空气污染越来越严重。由此可知，火灾成了对公众安全与社会发展最具威胁的灾害之一。为了有效地避免火灾，我们必须在火灾发生初期及时预警，即在烟雾出现时及时准确地检测烟雾并进行火灾预警，以做到"防患于未然"。因此，尤其是在大空间或户外环境，视频烟雾检测是一个极具代表性的火灾检测方法。

随着人工智能与计算机视觉的逐步兴起，烟火视频分析与处理已成为计算机视觉方向的一个热点话题，并得到了越来越多相关研究者的关注。将计算机视觉技术应用到早期火灾检测中去，对火灾预防工作具有重要的实际意义和应用价值。然而，由于视频烟雾的非刚特性，颜色、纹理、形状、密度及亮度等的特征的多变性，这将给视频烟雾检测带来极高的挑战性。

11.2.1 国内外研究现状及发展动态分析

11.2.1.1 传统烟火监测技术的研究概述

烟火监测技术主要包括地面巡视、近地面监测、航空巡护、卫星监测等方法。地面巡视由护林人员在林内进行，发现火情通知有关部门展开扑救，并可以及时阻止无关人员进山，降低人为林火的发生概率，但这种方法需要花费大量的人力和时间，而且容易存在疏漏。近地面监测往往采用瞭望台和视频检测的手段，从分布在森林中的固定观察设施获取林区图像，利用计算机技术进行自动分析，对被监控场景中的运动目标进行识别和跟踪，在异常情况下进行报警，但这种方法观测范围有限，不利于森林内部，特别是广袤的原始森林火灾隐情发现。航空巡护可以采用载人或无人的航空护林飞机搭载红外热像仪来进行，相比而言，无人机的机动性更高，且可以全天候工作，更能节约人力，具有一定的优势，然而无人机获得的高速运动图像，对烟火目标特征提取和训练带来了极大的困难，目前尚无有效方法处理如此大规模运动状态的图像数据。卫星监测主要利用物体的高温与红外辐射亮温的关系，使用卫星红外影像来监测地表温度高温异常变化，从而确定林火发生和发展的动态，获取其面积和边界等信息，是目前林业发达国家主要采用的监测技术之一，但此类方法由于获得的森林图像是大范围场景信息，森林中早期烟火目标信息很难被红外影像观测，因而不能及时发现林区早期火灾险情。在近地面监测的烟火识别技术中，根据检测对象的不同，视频检测方法可分为火焰检测和烟雾检测。传统火焰检测方法是通过分析火焰 RGB 颜色通道的值及火焰区域变化进行的检测，然而火焰较小时容易被障碍物遮挡，难以检测识别到。依据火灾发生规律，火情烟雾的出现早于明火的出现，且烟雾不容易被遮挡，因此，考虑林火和烟雾的静态特性和动态特性及火焰的视觉显著性方法，基于深度视觉显著性的烟火识别技术更具有研究价值。

11.2.1.2 传统目标检测识别方法发展

传统目标检测识别任务是利用搜索策略和目标数据集训练模型，通过提取目标特有的特征表示，确定其在给定图像中的准确位置和范围。在早期的目标检测研究中，图像分割算法较早用于目标检测任务中，其思路是将图像根据像素灰度、目标边缘和背景纹理等特性分割为不同区域，从而实现目标的分割和检测，经典的图像分割检测算法有阈值法和分水岭方法，此类方法虽然简单且计算速度快，但这种算法要求准确的图像分割技术，并不适用于复杂森林场景中烟火的图像分割；利用光流算法完成目标检测功能，将物体投射在光学传感器的二维图像上即形成光流场，而光流场相当于图像中像素点运动的矢量场，光流法即通过分析运动目标的矢量场实现目标检测和跟踪，典型的光流目标检测算法有基于空间梯度的光流法和基于区域匹配的光流目标检测方法。然而，早期大多数光流检测算法较为复杂且容易受噪声干扰，在场景快速移动变换和光线发生变化时很容易造成检测准确率下降；早在 2000 年，机器学习算法开始应用于物体检测任务中，Papageorgiou 和 Poggio 提出了利用滑动窗口算法实现物体检测功能，将从图像中获得的多尺度 Haar 小波特征组建超完备字典并与支持向量机（SVM）结合搜索目标在图像中的位置。在滑动窗口算法基础上，2004 年，Jones 和 Viola 提出了改进思路，主要是在特征提取算法中增加了 AdaBoost 级联算法进一步选择合适的物体特征，以增强目标检测准确度。Wu 和 Nevatia 从图像中提取块特征来表达图像局部属性，并加入 Boosting 机制获取图像物体各个部分的结构

特征。此类滑动窗口算法需要较大的计算复杂度，严重依赖滑动窗口的大小且准确率低下。受尺度不变特征变换（SIFT）启发，2005 年，Dalal 和 Triggs 通过提取梯度方向直方图（HOG）特征实现目标检测功能且广泛应用于目标检测任务中。2006 年，Zhu 通过积分图实现了快速提取梯度直方图特征的过程，一定程度上可提高计算效率。然而，上述方法仅仅在图像感兴趣的区域上实现特征点计算，没有考虑特征之间的空间关系。通过对上述方法的问题分析，基于图像特征编码的方法应运而生，与当前广泛应用的深度神经网络学习特征过程相比，基于图像特征实现的稀疏编码算法，其重建图像表示的算法过程，从最初的局部特征获取到对特征的再加工编码表示过程，都是基于图像的浅层特征表达的。常用的图像特征编码类方法虽然通过编码方法建立了特征之间的空间关系，但是上述方法通常应用在传统目标检测识别上（如行人、车辆、建筑物及路面等），没有从早期烟火目标的特性和变化规律出发，仍然不能解决复杂森林场景中早期烟火目标精确检测识别问题。

11. 2. 1. 3 深度学习目标检测识别方法发展

2012 年，Hinton 团队首次将卷积神经网络策略应用于 ILSVRC（ImageNet Large Scale Visual Recognition Challenge）挑战赛中，通过此方法训练的深度卷积神经网络模型 AlexNet 在图像检测和识别任务中准确度均位于第一名，并且极大超过了采用传统模式识别和机器学习方法，在 2014 年的 ILSVRC 挑战赛中，由于基于卷积神经网络的方法相比传统模式识别和机器学习方法具有巨大优势，因而被绝大多数参赛队伍采用。微软亚洲研究院（Microsoft Research Asia，MSRA）的机器学习和图像处理研究人员在 2015 年的 ILSVRC 挑战赛中，在图像分类任务上的错误率仅有 4.94%，首次达到了人眼水平（错误率约 5.1%）。MSRA 研发人员提出了新的深度卷积神经网络模型 PReLU-Nets，该算法模型在传统线性修正单元（Rectified Linear Unit，ReLU）基础上，提出了参数化的线性修正单元（Parametric Rectified Linear Unit，PReLU），并采用残差网络对 ReLU 建模，推导得出新的目标模型优化方法，使得较深层的网络模型也能够收敛。在目标检测领域，2014 年 Girshick 提出了 Region CNN（R-CNN）目标检测算法，其核心思想是利用可选性搜索的方法，在图像中提取目标物体的 2000 个候选目标块，将其尺寸统一调整为 227 像素×227 像素，然后依据提取的图像块，利用深度学习算法模型判断每个图像块的类别并确定其所在的具体位置，与传统目标检测方法相比，其精度提高了近一倍，然而 R-CNN 需要对每个候选区域单独处理，速度非常慢，检测一张图片大概需要 10~45 秒，同时还要保留大量的中间特征，占用内存空间巨大。图 11-7 为 R-CNN 目标检测框架。

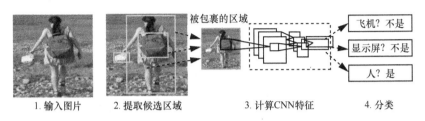

图 11-7　R-CNN 目标检测系统框架

由于 R-CNN 在训练和测试环节需对每一幅图像的每一个候选目标块均进行一次 CNN 模型前向特征提取，一幅图像需要进行超过 2000 次深度特征提取，效率极其低下。为此，何凯明研究员提出空间金字塔池化（Spatial Pyramid Pooling，SPP）神经网络模型，该网络对于输入图片的尺寸大小没有限制，同时整幅图片只需提取一次前向深度特征，再将候选框映射到 conv5 卷积层上。在此基础上，Girshick 提出了 Fast R-CNN 模型，检测一幅图像的时间缩短至 2~3 秒，图 11-8 为 Fast R-CNN 目标检测框架图。

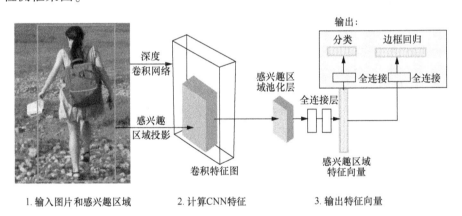

图 11-8　Fast R-CNN 目标检测系统框架

2015 年，何凯明研究员在 Fast R-CNN 基础上融合 RPN 网络实现图像中候选目标块的提取，并共享 Fast R-CNN 与 RPN 的卷积层参数，从而得到了 Faster R-CNN 神经网络模型，并进一步降低了运算量，图 11-9 为 Faster R-CNN 目标检测系统框架。

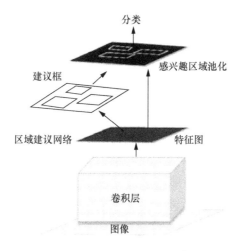

图 11-9 Faster R-CNN 目标检测系统框架

　　然而，上述所涉及的方法都无法达到对动态视频里的目标实时检测处理的目的，为了进一步提高计算效率，研究人员结合 YOLO 系列算法，通过大量的已标注训练样本，让神经网络自身判断物体的位置和类别，同时将候选目标块的数量缩减到 98 个，大大提高了计算效率，但是美中不足的是造成了目标检测精度下降。为了解决此问题，在此基础上又采用了升级版的 YO-LO-v2 和 YOLO-v3 算法，如图 11-10 所示。在 VOC 2007 数据集上目标检测的平均精度达到了 76.8%，超出了当前众多的深度神经网络模型。

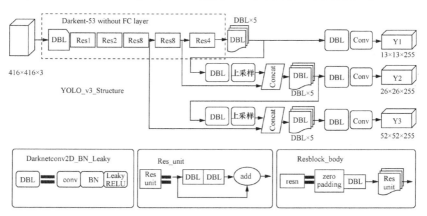

图 11-10 YOLO-v3 目标检测系统结构

虽然深度神经网络学习方法在目标检测识别领域取得令人惊喜的效

果，但是该类算法需要超大量的已标注训练样本来获得深度神经网络特征，而这些深度特征往往无法准确描述其物理结构信息且具有冗余性。在复杂森林场景下，由于图像来自高速运动的森林巡检无人机，因而传统的静态图像转变成了高动态视频数据帧，数据量巨大，深度网络模型参数的训练极其困难。Husain 提出了融合多个深度卷积网络模型的方法，在很多复杂场景下目标识别获得了较高的检测识别率，其网络框架对于本项目有很大的借鉴作用，但是作者没有考虑高动态视频数据网络调参优化难问题。Park 把图像特征放大的思想融入卷积神经网络模型中，在神经网络训练的时候加入特定目标类别信息，并给予相应的损失函数收敛规则。该算法对本项目解决早期烟火目标形状多变性和特征提取难的问题具有较大的参考价值。

11.2.1.4 图像特征及视觉显著性方法发展

图像特征提取即对图像或者图像中的物体目标描述其纹理、形状、亮度或者像素之间的局部和全局信息。在实现目标检测识别功能中，常用的图像特征提取方法可以归纳为 2 种：全局特征和局部特征。全局特征包括颜色直方图、颜色相关图、颜色矩、全局不变谱模式特征和灰度共生矩阵等。局部特征方法表示从图像局部区域中按照像素近邻区域的特定模式提取角点、关键点和极值点等图像信息，常用的局部特征算子有 HOG、梯度位置方向直方图（Gradient Location-Orientation Histograms，GLOH）、SIFT 和局部二进制模式特征（Local Binary Pattern，LBP）等。上述图像特征提取方法为了进一步提高物体检测识别准确度，往往要从一幅图像中获取大量的图像特征算子，并需要把每幅图像的所有特征整合成一个有效的特征编码向量，尽管图像被量化为了特征表示，但是在特征空间中却呈现出高度冗余和噪声多等缺陷，很显然后续的检测与识别实现过程必将非常耗时。在真实场景分析应用中，如若直接利用这些高维特征向量进行图像分类或完成物体检测识别功能，实验结果往往很不理想。面对上述存在的瓶颈问题，一个有效且可行的方法是进行图像特征降维，其主要目的在于将最初高维特征向量映射到低维特征空间中以实现降低图像特征的维数的目的。传统的高维特征降维方法主要有主成分分析（Principal Component Analysis，PCA）方法、线性判别分析（LDA）方法、基于字典学习的降维算法和非线性降维方法等。

上述这些图像特征降维方法，虽然降低了特征向量的维数，但也不可避免地损失了特征之间的全局空间信息和局部相关性信息。在视觉显著性检测识别方法中，既可以降低图像特征向量的维数，又可以有效地保留特征之间的空间信息。显著性目标检测的核心思想是利用图像像素空间信息模仿人眼视觉显著性功能，目的是检测图像中吸引人视觉系统的感兴趣区域，有助于人们在真实场景中快速确定物体的位置和区域，其包含自底向上模型和自顶向下模型。众所周知，自底向上模型是基于图像底层特征（如强度、方向和颜色），虽然可以有效地融合图像特征信息，但无法有效保留特征的空间位置信息，因而不能在真实场景中获得特定目标的精确位置和范围。针对此问题，自顶向下模型可以学习目标的先验知识，提取物体的局部特征（如 SIFT、HOG 和 GLOH 等），从而精确定位目标的位置。比如，W. Einhauser 提出了自顶向下显著性预测算子相比于自底向上模型可以得到更好的目标检测效果；Yang 提出通过联合条件随机场（CRF）和稀疏编码的方法来学习物体的先验模型，以实现显著性目标检测任务；L. Elazary 提出将目标的感兴趣区域作为目标的显著性表达，完成特定显著性目标检测；T. Judd 提出利用图像的高层特征学习目标的更多先验知识，从而构建更高效的目标显著性模型；Kocak 通过提取图像超像素特征来建立指定显著性目标模型，以实现显著性目标检测任务；杨贞等提出融合背景信息和上下文信息构建显著性编码模型完成指定类显著性目标计算功能；殷志坚等提出深度规范化卷积神经网络及高斯局部约束性编码方法实现视频中烟火目标检测和精确识别功能；徐威等利用层次先验估计完成显著性目标计算。

一般而言，火灾烟雾识别主要分为以下 4 个步骤，分别为：视频图像预处理、候选区域提取、特征提取、检测识别，如图 11-11 所示。

图 11-11 火灾烟雾识别步骤

视频图像预处理：主要是截取视频中主要目标区域，对图像进行去噪，归一化等，以便消除干扰，增强目标区域；

候选区域提取：主要是利用视频中烟雾运动特征、颜色、纹理等多种特征，区分出视频中的疑似烟雾块，减小后续图像算法的计算量；

特征提取：主要是提取目标区域的运动、颜色、纹理、湿度、能量等特征作为后续图像检测识别的依据。

检测识别：主要是利用支持向量机（SVM），决策树（Decision Tree），人工神经网络（Artificial Neural Network，ANN）等分类器模型对提取出的区域进行检测识别。

传统的烟雾检测中必须由人工先选取出合适的特征，然后再将这些特征作为分类器的输入，分类器输出即为识别打分结果。由于烟雾的非刚特性、颜色、纹理、形状、密度及亮度等特征的多变性，这使得烟雾特征并不是非常明显。

检测识别结果鲁棒性不强，这将给烟雾检测带来极高的挑战。随着卷积神经网络的出现及迅猛发展，它不仅学习能力逐步增强，可学到极具代表性，鲁棒性强的深度特征，还可同时完成深度特征提取任务和检测识别任务。

近年来，许多研究者在烟雾检测方面做了很多工作，他们都提出了各自行之有效的烟雾检测方法。目前，针对烟雾检测的方法主要是提取烟雾的视觉特征，包括颜色、纹理、边缘、几何和运动等。例如，Toreyin 等发现烟雾会使背景失去颜色，使场景灰暗，特别是在 U 通道和 V 通道中，因此颜色可以用 YUV 模型来表示；袁利用 RGB 模型提取可疑像素，然后根据 R 通道的亮度和饱和度判定是否为烟雾颗粒，并利用动力学和无序性确定烟雾；Barmpoutis 等提出了一种将时空分析和动态纹理特征相结合的方法来区分烟雾和彩色运动物体；袁提出了几种烟雾检测方法，包括基于金字塔的局部二进制模式直方图、局部二进制模式方差（LBPV），随后提出了具有局部保持投影的高阶局部三值模式；李春云等利用烟雾图像的纹理来比较在正常照明下相对模糊和清晰的图像，并通过神经网络区分烟雾和非烟雾。

上述各种视频烟雾检测方法一般存在精度低、适应性弱、计算能力低的问题。不管是利用烟雾的多种特性还是结合其单一特性进行检测，都存在漏检或误报的情况。对于自适应问题，更是目前视频烟雾检测算法中常见且严重的问题。针对计算能力低的问题，由于其特点是在火灾视频烟雾探测中对

实时性要求非常高，现在算法一般需要较长的计算时间，这与计算机当前的计算能力低有着非常直接的关系。上述算法大多是基于手工或浅层特征，不具有代表性。因此，提出了一种可学习算法来有效地提取有用且具有代表性和区分性的特征。卷积神经网络（CNN）在许多典型的计算机视觉任务中表现出了优异的性能，如图像识别、图像分类和目标检测。CNN 作为深度学习的一种变体，与传统的特征提取方法相比，可以从图像中提取出具有较高泛化能力的深度特征。

11.2.2　烟雾视频数据集

在许多常见的图像识别任务中，如车牌识别、人脸识别等都已经建立起了强大的标准数据集，但是目前还没有统一的烟雾视频检测数据集。我们自己收集了 7000 多张用于训练深度烟雾检测模型的烟雾图像。主要来源有：国外主要是土耳其毕尔肯大学信号处理小组老师及学生收集的数据集、韩国启明大学计算机视觉和模式识别实验室数据集、意大利萨莱诺大学机器智能实验室的火灾烟雾视频数据集；国内主要有袁非牛教授火灾科学国家重点实验数据集。这些数据集被收集来测试深度模型检测器。

11.2.3　烟雾识别方法

烟雾由于密度、光照、颜色的变化及烟雾视频的动态特性，与普通物体如车辆、行人等有很大的区别，这使得烟雾检测比现有的典型物体检测更困难。因此，根据烟雾的特殊性，可以对视频烟雾进行有效的预处理，以降低误检率，提高检测性能。基于深度特征的烟雾识别方法将高斯混合模型（GMM）、HSV 颜色模型与深度卷积模型 YOLO-v2 相结合，对基于视频的烟雾进行检测。首先，使用深度网络检测烟雾；其次，结合高斯混合模型和 HSV 颜色特征分析提取疑似烟雾区；最后，滤除深度模型的误检检测框，大大降低了检测的误检率。图 11-12 是结合深度特征的烟雾检测识别算法步骤。

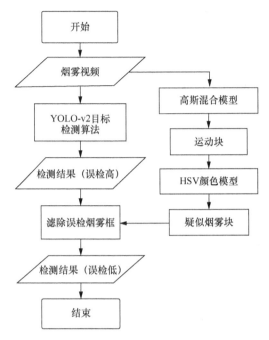

图 11-12　基于深度特征的烟雾检测识别算法步骤

（1）高斯混合模型

虽然图像处理算法可以对上万级像素进行计算，但是为了节约计算成本，加之视频处理对实时性要求比较高，而且在烟雾视频中，真正的烟雾区域可能只占视频图像的一小部分。因此，事先提取出关键区域将大大降低计算成本。

背景擦除作为一个针对提取运动区域相对有效的方法，已广泛被大家使用，尤其是在背景相对变化不明显的视频运动分析中。高斯混合模型法的提出就是针对含运动物体的视频序列，主要对视频背景进行建模分析，从而提取运动前景像素，是 EM 算法和高斯混合模型的结合应用。该方法由 Chris Stauffer 等提出，相比于其他常用的运动区域提取方法，如帧间差法、光流法等，高斯混合模型比帧间差法提取到的运动区域存在的空洞和遗漏现象更少，能更准确地、完整地提取运动区域。

综上所述，采用高斯混合模型法能更好地提取烟雾视频序列的运动区域。首先，我们将每个烟雾视频帧分成大小相同的 N2 个非重叠子图像块，

然后采用高斯混合模型（GMM）作为背景估计算法，用多个高斯分布模型化视频帧的背景像素值分布，提取出整个烟雾视频中的运动区域，并提取出包含运动区域的子图像块。在高斯混合模型中，首先选择 k 个高斯分布，将每个高斯分布作为一个分量，将 k 个高斯分布线性地加入 GMM 的概率密度函数中，计算公式如下：

$$P(x) = \sum_{i=1}^{k} p(x)p(x \mid i) = \sum_{i=1}^{k} \pi_i N(x \mid \mu_i, \sum_i) 。 \qquad (11\text{-}4)$$

式中，k 是高斯分布的个数，$N(\ )$ 代表的是多元高斯分布，π_i 表示权重。

随后，我们利用烟雾视频前 N 帧的像素信息来计算 GMM 的概率分布，并通过最大似然估计（Maximum Likelihood Estimate，MLE）法来获得相应的模型参数：

$$\sum_{i=1}^{N} \log_2 \left[\sum_{j=1}^{k} \pi_j N(x_j \mid \mu_j, \sum_j) \right] 。 \qquad (11\text{-}5)$$

最后，采用最大期望算法（Expectation Maximization Algorithm，EM）来计算特定的参数。

从第 $N+1$ 帧开始检测，利用建模好的高斯混合模型判断当前帧中图像上的每一个像素点是否相匹配前 N 帧得到的 k 个高斯模型，如果不匹配则判断为前景像素点，如果匹配则判断为背景像素点，再调节合适的像素阈值，提取前景块图对应区域作为烟雾视频运动块。

OpenCV 是一个强大的跨平台的计算机视觉库，里面包含了各种方便使用的库供使用者直接调用，简单高效。本方法采用了 OpenCV 里的高斯混合模型 Python 接口：createBackgroundSubtractorMOG2 函数接口来实现前景提取，并进一步得到烟雾视频运动块。

（2）基于运动块的 HSV 颜色特征分析

在实际的烟雾视频中，除了烟雾在运动外，还可能含有其他运动目标。为了进一步滤除这些非烟运动块，我们将对这些运动块进行进一步的颜色特征分析，经过试验发现，在 RGB 颜色特征空间中，对烟雾的区分度相对弱于 HSV 颜色特征空间，所以最终我们选择在 HSV 颜色特征空间中对运动块进行下一步的烟雾颜色特征分析。

HSV 也称作 HSB，在这个颜色模型空间中，H、S 和 V 分别表示色调、饱和度和亮度值，同时反映图像的颜色、饱和度和亮度。考虑到烟雾出现时图像变得模糊，烟雾区域一般为白色的特点。因此，烟雾区饱和度 S 相对较

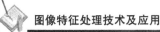

低，而 V 在烟出现前后会相对增加。

本烟雾识别方法将高斯混合模型提取的运动块进一步应用于 HSV 颜色特征分析。通过分析运动块的 HSV 颜色特征，进一步去除非烟雾运动块，得到更准确的可疑烟雾块。在实验中，我们将 S 设置为 50，并以烟雾视频前 50 帧亮度值的平均值作为阈值，如果该运动块的平均亮度值大于阈值且饱和度小于 70，则将运动块作为烟雾候选块或可疑烟雾块。图 11-13 显示了结合高斯混合模型 HSV 颜色特征分析方法提取可疑烟雾块的结果（见书末彩插）。其中图 11-13（a）为烟雾视频帧被分为 10×10 个子图像；图 11-13（b）为用 GMM 提取得到的黄色子图像块；图 11-13（c）为利用 HSV 颜色模型和 GMM 提取红色子图像块。

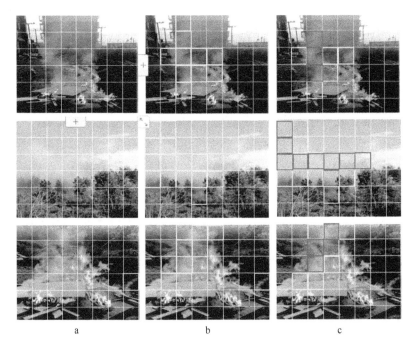

a   b   c

图 11-13　视频帧疑似烟雾块提取结果

（3）基于深度卷积神经网络的烟雾检测

与基于选择性搜索的 R-CNN 和基于 RPN 的 Fast R-CNN 相比，YOLO 是一种端到端的目标检测网络，它把目标检测作为一个回归问题，不需要额外的方法来训练网络，而是在整个图像上训练。本文采用的深度卷积神经网络是 YOLO-v2 网络结构。YOLO-v2 是 YOLO 的改进，基于典型的 GoogLeNet 架

构。为了减少定位误差和漏检率，YOLO-v2 提出了许多有效的方法，包括批量规范化、高分辨率分类器、锚箱、基于锚箱的维数聚类和直接定位预测。此外，YOLO-v2 模型基于 Darknet-19 分类模型，该模型包含 19 个卷积层和 5 个池化层，接着是全连接层和 softmax 分类层。遵循 VGG 模型，YOLO-v2 采用 3×3 滤波器，在池化之后通道数翻倍。对于检测，我们将最后一个卷积层替换为 3 个 3×3 卷积层（1024 个滤波器）和一个 1×1 卷积层（滤波器）。因此，完整的检测网络由 22 个卷积层和 5 个池化层组成。

在深度网络训练阶段，我们训练了基于训练前分类模型 Darknet-19 的烟雾检测模型。我们采用随机梯度下降（SGD）策略对网络进行训练，采用随机裁剪、角度变换等数据扩展技术，然后采用批处理规范化方法稳定训练，加快收敛速度，使模型正则化。

本章将高斯混合模型（GMM）和 HSV 颜色特征分析与 YOLO-v2 相结合，用于视频烟雾检测。图 11-14 展示了我们的方法应用于烟雾视频检测的总体框架。

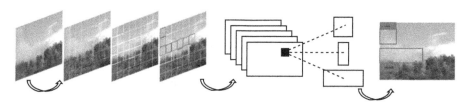

图 11-14 烟雾检测总体框架

当烟雾视频输入时，首先，检测系统将每帧图像分割为 10×10 个子图像块。其次，采用高斯混合模型提取运动区域，在得到运动区域后，根据此区域得到包含这些运动区域的子图像块。然后，根据烟雾的 HSV 颜色特征，将 HSV 颜色特征分析应用于经过高斯混合模型提取到的运动块，进一步剔除非烟运动块，得到更加精确的疑似烟雾块。最后，系统判断训练模型检测到的检测框是否与可疑烟块有交叠，如果检测框与可疑烟块不相交，则过滤掉此检测框（假检测框）。如果检测框与可疑烟块相交，则保留此检测框（真检测框）。因此，我们提出的基于深度特征的烟雾识别方法通过过滤错误的检测框，降低了误检率，提高了检测精度。

11.2.4 检测结果分析

对于检测，基于所提出的方法，图 11-15 展示了在不同视频帧中的检测性能。其中，a 是从烟雾视频中获取的原始图像；b 是用 YOLO-v2 模型检测的预测结果；c 是基于深度特征的烟雾识别方法的测试结果。比较 b 和 c 可以看出，该方法能够准确地滤除错误检测框，提高检测效率。

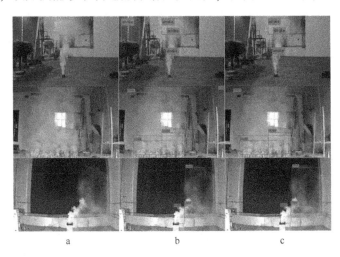

a   b   c

图 11-15 烟雾检测结果

考虑到烟雾的非刚性，一般目标检测的评价方法不适用于烟雾检测。因此，为了评估算法的性能，我们分别计算了真检测率（TDR）和假检测率（FDR）。定义如下：

$$TDR = \frac{S_{GT \cap BBOX}}{S_{BBOX}} \times 100\% , \qquad (11-6)$$

$$FDR = \frac{S_{BBOX} - S_{GT \cap BBOX}}{S_{BBOX}} \times 100\% 。 \qquad (11-7)$$

式中，S_{GT} 代表的是标签框面积，S_{BBOX} 代表的是检测框面积，$S_{GT \cap BBOX}$ 代表的是标签框与检测框的交叠面积。对现有的测试视频进行测试分析，得到结果如表 11-2 所示。

表 11-2   烟雾检测结果

检测框架	数据集 A		数据集 B		数据集 C		数据集 D	
	真检测率	假检测率	真检测率	假检测率	真检测率	假检测率	真检测率	假检测率
YOLO-v3	81.71%	18.29%	78.60%	21.40%	81.27%	18.73%	64.43%	35.57%
YOLO-v2	39.66%	60.34%	73.87%	26.13%	74.88%	25.12%	44.97%	55.03%
YOLO-v3+GMM+HSV	89.31%	10.69%	84.09%	15.91%	81.27%	18.73%	74.13%	25.86%
YOLO-v2+GMM+HSV	95.82%	4.18%	85.98%	14.02%	79.09%	20.91%	83.38%	16.52%

该表显示了基于不同数据集的 YOLO-v2 与 YOLO-v3 的比较性能。实验结果直观地表明，将该算法应用于数据集 A 后，烟雾视频的假检测率从 60.34%显著下降到 4.18%。与数据集 A 相似，在数据集 D 上，假检测率降低了 38.51%，明显降低了烟雾检测的假检测率，有助于提高检测精度。

11.3   总   结

历史上人类每一次的进步都和技术的进步有很大的关联，第一次工业革命是"蒸汽技术革命"，第二次工业革命是"电力技术革命"，第三次工业革命是"信息技术革命"，即将发生的"第四次工业革命"则极有可能被贴上"智能技术革命"的标签，而在当今智能技术中，人工智能技术是有望引领智能技术取得重大突破的关键点。

人工智能技术主要包括：大数据分析智能、机器感知计算智能、人机混合智能、群体智能及自主协同与决策智能。①大数据分析智能：大数据是指各行各业海量数据的集合，也是人工智能技术的源泉，没有数据也就没有智能。包含城市大数据、工业大数据、医疗大数据、农业大数据、教育大数据、经济大数据、交通大数据和金融大数据等；大数据分析技术的特点是利用无监督学习、自主推理和自主决策技术，建立以数据驱动为核心的智能分析计算模型，形成从数据计算到知识表示再到自主决策的大数据分析体系。②机器感知计算智能：机器感知是当今人工智能技术感知外部环境信息的重要手段，主要是通过各种传感器获取图像、声音、气味、温度等信息；新一代机器感知计算技术主要是通过视觉感知技术、听觉感知技术、机器学习和智能计算等方法分析和处理外界环境信息。③人机混合智能：混合智能是指将机器智能和生物智能相结合，通过中间相互连接通道，建立具备人类智能的记忆、学习、推理和决策的机器智能，构成增强的混合智能模型。其主要包括脑机协同智能、联想记忆和知识演化智能及云机器人计算智能。④群体智能：是指通过获取群居性生物的协同智能，利用机器学习算法模仿群体智能生物行为，其重点是建立可计算、可表示的群智算法和模型。⑤自主协同与决策智能：是指无人类干预条件下，系统自身能将感知学习、协同计算、自主决策结合起来，依据协同控制策略，实现系统的自我决策[112-117]。

总之，本书介绍的图像特征编码方法属于机器感知计算智能中的视觉感知，主要是从图像中获取目标的特征表示，以便更好地完成目标检测、识别及跟踪功能。

参考文献

[1] 王万森. 人工智能原理及其应用[M]. 3版. 北京：电子工业出版社，2012.

[2] 史忠植. 智能科学[M]. 北京：清华大学出版社，2006.

[3] 张燕平，张铃. 机器学习理论与算法[M]. 北京：科学出版社，2012.

[4] 刘鹏，张燕. 深度学习[M]. 北京：电子工业出版社，2018.

[5] 周志华. 机器学习[M]. 北京：清华大学出版社，2016.

[6] 段海滨，高嵩. 贝叶斯网络在智能信息处理中的应用[M]. 北京：国防工业出版社，2012.

[7] 马少平，朱小燕. 人工智能[M]. 北京：清华大学出版社，2004.

[8] 吴岸城. 神经网络与深度学习[M]. 北京：电子工业出版社，2016.

[9] 邓力，俞栋. 深度学习方法及应用[M]. 谢磊，译. 北京：机械工业出版社，2016.

[10] 史忠植. 神经网络[M]. 北京：高等教育出版社，2009.

[11] 焦李成，赵进，杨淑媛，等. 深度学习、优化与识别[M]. 北京：清华大学出版社，2017.

[12] 王志良，李明，谷学静. 脑与认知科学概论[M]. 北京：北京邮电大学出版社，2011.

[13] GURAYA F F E, CHEIKH F A. Neural networks based visual attention model for surveillance videos[J]. Neurocomputing, 2015, 149(1): 1348-1359.

[14] JIANG Z L, LIN Z, DAVIS L S. Learning a discriminative dictionary for sparse coding via label consistent K-SVD [C]//Computer vision pattern recognition. IEEE, 2010: 1697-1704.

[15] YANG C, ZHANG L H, LU H C, et al. Saliency detection via graph-based manifold ranking[C]//Computer vision and pattern recognition. IEEE, 2013: 3166-3173.

[16] BORJI A. What is a salient object? A dataset and a baseline model for salient object detection[J]. IEEE Transactions on image processing a publication of the IEEE signal processing society, 2014, 24(2): 742-756.

[17] TANG C, HOU C P, WANG P C, et al. Salient object detection using color spatial distribution and minimum spanning tree weight[J]. Multimedia tools and applications, 2016, 75(12): 6963-6978.

[18] DAVIS J V, KULIS B, JAIN P, et al. Information-theoretic metric learning[C]// 2006 Workshop on learning to compare examples. NIPS, 2015: 209-216.

[19] 吕鹏霄, 顾广华, 王成儒, 等. C-SIFT 特征结合空间金字塔描述的情感图像分类[J]. 图像与信号处理, 2014, 3(1): 1-8.

[20] 黄明明. 图像局部特征提取及应用研究[D]. 北京: 北京科技大学, 2016.

[21] 徐威, 唐振民. 利用层次先验估计的显著性目标检测[J]. 自动化学报, 2015, 41(4): 799-812.

[22] 朱煜, 赵江坤, 王逸宁, 等. 基于深度学习的人体行为识别算法综述[J]. 自动化学报, 2016, 42(6): 848-857.

[23] 张志成. 基于监控视频的分析技术已成为执法调查的主要手段[J]. 中国安防, 2012(8): 106-107.

[24] WANG J J, YANG J C, YU K, et al. Locality-constrained linear coding for image classification[C]// Computer vision and pattern recognitio. IEEE, 2010, 119(5): 3360-3367.

[25] SHI Y J, YI Y G, ZHANG K, et al. Multiview saliency detection based on improved multimanifold ranking[J]. Journal of electronic imaging, 2014, 23(6): 11-13.

[26] ZHAO R, OUYANG W L, WANG X G. Unsupervised salience learning for person reidentification[C]//Computer vision and pattern recognition. IEEE, 2013, 9(4): 3586-3593.

[27] YANG J M, YANG M H. Top-down visual saliency via joint CRF and dictionary learning[C]//Computer vision and pattern recognition. IEEE, 2012: 2296-2303.

[28] KOCAK A, CIZMECILER K, ERDEM A, et al. Top down saliency estimation via superpixel-based discriminative dictionaries [C]// British machine vision conference. BMVA, 2014.

[29] KOCH C, ULLMAN S. Shifts in selective visual attention: towards the underlying neural circuitry[J]. Hum neurobiol, 1987, 4(4): 219-227.

[30] ITTI L, KOCH C, NIEBUR E. A model of saliency-based visual attention for rapid scene analysis[J]. IEEE transactions on pattern analysis and machine intelligence, 1998, 20(11): 1254-1259.

[31] WALTHER D, KOCH C. Modeling attention to salient proto-objects [J]. Neural networks, 2006, 19(9): 1395-1407.

[32] FRINTROP S, HERTZBERG J. Vocus: a visual attention system for object detection and goal-directed search[D]. Bonn: University of Bonn, 2006.

[33] HAREL J, KOCH C, PERONA P. Graph-based visual saliency[J]. Advances in neural

information processing systems, 2006, 19: 545-552.

[34] ITTI L, DHAVALE N, PIGHIN F. Realistic avatar eye and head animation using a neuro-biological model of visual attention[C]// The international society for optical engineering. SPIE, 2004: 64-78.

[35] LE MEUR O L, LE CALLET P, BARBA D, et al. A coherent computational approach to model bottom-up visual attention[J]. IEEE transactions on pattern analysis and machine intelligence, 2006, 28(5): 802-817.

[36] LE MEUR O L, CALLET P L, BARBA D. Predicting visual fixations on video based on low-level visual features[J]. Vision research, 2007, 47(19): 2483-2498.

[37] KOOTSTRA G, NEDERVEEN A, DE BOER B. Paying attention to symmetry[C]// British machine vision conference. BWVA, 2008: 1115-1125.

[38] BRUCE N D B, TSOTSOS J K. Saliency, attention, and visual search: an information theoretic approach[J]. Journal of vision, 2009, 9(3): 1-24.

[39] HOU X D, ZHANG L Q. Dynamic visual attention: searching for coding length increments [C]//Conference on neural information processing systems. NIPS, 2008: 681-688.

[40] MANCAS M, MANCAS-THILLOU C, GOSSELIN B, et al. A rarity-based visual attention map-application to texture description[C]//International conference on image processing. IEEE, 2006: 445-448.

[41] SEO H J, MILANFAR P. Static and space-time visual saliency detection by self-resemblance[J]. Journal of vision, 2009, 9(12): 1-27.

[42] HOU X D, ZHANG L Q. Saliency detection: a spectral residual approach[C]//Computer vision and pattern recognition IEEE, 2007: 1-8.

[43] GUO C, ZHANG L. A novel multiresolution spatiotemporal saliency detection model and its applications in image and video compression[J]. IEEE transaction on image processing, 2009, 19(1): 185-198.

[44] OLIVA A, TORRALBA A, CASTELHANO M, et al. Top-down control of visual attention in object detection[C]// International conference on image processing. IEEE, 2003: 253-256.

[45] EHINGER K A, HIDALGO-SOTELO B, TORRALBA A, et al. Modelling search for people in 900 scenes: a combined source model of eye guidance[J]. Visual cognition, 2009, 17(6/7): 945-978.

[46] KANAN C, TONG M H, ZHANG L Y, et al. SUN: Top-down saliency using natural statistics[J]. Visual cognition, 2009, 17(6/7): 979-1003.

[47] GAO D, HAN S, VASCONCELOS N. Decision-theoretic saliency: computational principles, biological plausibility, and implications for neurophysiology and psychophysics[J].

Neural computation, 2009, 21(1): 239-271.

[48] GAO D, HAN S, VASCONCELOS N. Discriminant saliency, the detection of suspicious coincidences, and applications to visual recognition[J]. IEEE transactions on pattern analysis machine intelligence, 2009, 31(6): 989-1005.

[49] MAHADEVAN V, VASCONCELOS N. Spatiotemporal Saliency in Dynamic Scenes [J]. IEEE transactions on software engineering, 2010, 32(1): 171-177.

[50] GU E, WANG J B, BADLER N I. Generating Sequence of eye fixations using decision-theoretic attention model[C]// Computer vision and pattern recognition. IEEE, 2005: 277-292.

[51] PETERS R J, ITTI L. Beyond bottom-up: Incorporating task-dependent influences into a computational model of spatial attention[C]//Computer vision and pattern recognition. IEEE, 2007: 1-8.

[52] JUDD T M, EHINGER K, DURAND F, et al. Learning to predict where humans look [C]//International conference on computer vision. IEEE, 2009, 30(2): 2106-2113.

[53] LAYNE R, HOSPEDALES T M, GONG S. Person re-identification by attributes[C]// British machine vision conference. BMVA, 2012, 57: 1-11.

[54] GONG S, CRISTANI M, YAN S, et al. Person re-identification[M]// LAYNE R, HOSPEDALES T M, GONG S, et al. Attributes-based re-identification. London: Springer, 2014.

[55] WEINBERGER K Q, SAUL L K. Distance metric learning for large margin nearest neighbor classification[J]. Journal of machine learning research, 2009, 10(2): 207-244.

[56] ZHENG W S, GONG S G, XIANG T. Person re-identification by probabilistic relative distance comparison[C]//Computer vision and pattern recognition. IEEE, 2011: 649-656.

[57] PEDAGADI S, ORWELL J, VELASTIN S, et al. Local fisher discriminant analysis for pedestrian re-identification[C]//Computer vision and pattern recognition. IEEE, 2013: 3318-3325.

[58] XIONG F, GOU M R, CAMPS O, et al. Person re-identification using kernel-based metric learning methods[C]//ECCV Computer vision: ECCV 2014. Berlin: Springer, 2014: 1-16.

[59] HARRIS C G, STEPHENS M J. A combined corner and edge detector[C]//The 4th alvey vision conference. The information engineering directorate, 1988: 147-151.

[60] MIKOLAJCZYK K, TUYTELAARS T, SCHMID C, et al. A comparison of affine region detectors[J]. International journal of computer vision, 2005, 65(1/2): 43-72.

[61] MARTINEL N, MICHELONI C. Re-identify people in wide area camera network[C]// Computer vision and pattern recognition workshops. IEEE, 2012: 31-36.

[62] MIKOLAJCZYK K, SCHMID C. A performance evaluation of local descriptors[J]. IEEE transactions on pattern analysis and machine intelligence, 2005, 27(10): 1615-1630.

[63] DE OLIVEIRA I O, DE SOUZA PIO J L. People reidentification in a camera network [C]//Eighth IEEE international conference on dependable, autonomic and secure computing. IEEE, 2009: 461-466.

[64] D'ANGELO A, DUGELAY J L. People Re-identification in camera networks based on probabilistic color histograms[J]. The international society for optical engineering, 2011, 7882(23): 2155-2157.

[65] XIANG Z J, CHENQ W R, LIU Y C. Person re-identification by fuzzy space color histogram[J]. Multimedia tools and applications, 2014, 73(1): 91-107.

[66] KHAN A, ZHANG J, WANG Y. Appearance-based re-identification of people in video [C]//2010 International conference on digital image computing: techniques and applications. APRS, 2010: 357-362.

[67] FARENZENA M, BAZZANI L, PERINA A, et al. Person re-identification by symmetry-driven accumulation of local features [C]//Computer vision and pattern recognition. IEEE, 2010: 2360-2367.

[68] BĄK S, CORVEE E, BRÉMOND F, et al. Person re-identification using spatial covariance regions of human body parts [C]//Advanced video and signal-based surveillance. IEEE, 2010: 435-440.

[69] HIRZER M, BELEZNAI C, ROTH P M, et al. Person re-identification by descriptive and discriminative classification [C]//Scandinavian conference on image analysis. IAPR, 2011: 91-102.

[70] BĄK S, ETIENNE C, FRANCOIS B, et al. Multiple-shot human re-identification by mean riemannian covariance grid[C]//International conference on advanced video and signal-based surveillance. IEEE, 2011: 179-184.

[71] WU Z F, HUANG Y Z, WANG L, et al. Group encoding of local features in image classification[C]// International conference on pattern recognition. IEEE, 2012: 1505-1508.

[72] LI F F, FERGUS R, PERONA P. Learning generative visual models from few training examples: an incremental bayesian approach tested on 101 object categories[J]. Computer vision and image understanding, 2007, 106(1): 59-70.

[73] LAZEBNIK S, SCHMID C, PONCE J. Beyond bags of features: spatial pyramid matching for recognizing natural scene categories [C]//Computer vision and pattern recognition. IEEE, 2006: 2169-2178.

[74] LI J L, LI F F. What, where and who? Classifying events by scene and object recognition [C]//International conference on computer vision. IEEE, 2007: 1-8.

［75］ LIU T, YUAN Z J, SUN J, et al. Learning to detect a salient object［J］. IEEE transactions on pattern analysis and machine intelligence, 2011, 33(2): 353-367.

［76］ OPELT A, PINZ A, FUSSENEGGER M, et al. Generic object recognition with boosting ［J］. IEEE transactions on pattern analysis and machine intelligence, 2006, 28(3): 416-431.

［77］ BORENSTEIN E , ULLMAN S. Combined Top-Down and Bottom-Up segmentation［J］. IEEE transactions on pattern analysis & machine intelligence, 2008, 30 (12): 2109-2125.

［78］ EVERINGHAM M , VAN G L, WILLIAMS C K, et al. The pascal visual object classes (VOC) challenge［J］. International journal of computer vision, 2010, 88(2): 303-338.

［79］ GRAY D, BRENNAN S, TAO H. Evaluating appearance models for recognition, reacquisition, and tracking ［J］ IEEE international workshop on performance evaluation for tracking and ourveillance, 2007, 3(5): 1-7.

［80］ CHENG D S, CRISTANI M, STOPPA M, et al. Custom pictorial structures for re-identification［C］//British machine vision conference. BMVA, 2011: 1-11.

［81］ SCHWARTZ W R, DAVIS L S. Learning discriminative appearance-based models using partial least squares ［C］//Brazilian symposium on computer graphics and image processing. IEEE, 2009: 322-329.

［82］ ZHENG W S, GONG S G, XIANG T. Associating groups of people［C］//British machine vision conference. BMVA, 2009: 1-11.

［83］ EINHÄUSER W, SPAIN M, PERONA P. Objects predict fixations better than early saliency［J］. Journal of vision, 2008, 8(14): 18-26.

［84］ ELAZARY L, ITTI L. Interesting objects are visually salient［J］. Journal of vision, 2008, 8(3): 1-15.

［85］ BOIMAN O, SHECHTMAN E, IRANI M. In defense of nearest-neighbor based image classification［C］//Computer vision and pattern recognition. IEEE, 2008: 1-8.

［86］ JAIN P, KULIS B, GRAUMAN K. Fast image search for learned metrics［C］//Computer vision and pattern recognition. IEEE, 2008: 1-8.

［87］ YANG J C, YU K, GONG Y H, et al. Linear spatial pyramid matching using sparse coding for image classification［C］//Computer vision and pattern recognition. IEEE, 2009: 1794-1801.

［88］ MAIRAL J, BACH F, PONCE J. Task-driven dictionary learning［J］. IEEE transactions on software engineering, 2012, 34(4): 791-804.

［89］ MAIRAL J, BACH F, PONCE J, et al. Supervised dictionary learning［C］//Neural information processing systems. NIPS, 2008: 1033-1040.

[90] YANG J C, YU K, HUANG T. Supervised translation-invariant sparse coding[C]//Computer vision and pattern recognition. IEEE, 2010: 3517-3524.

[91] SHOTTON J, WINN J, ROTHER C, et al. TextonBoost for image understanding: multiclass object recognition and segmentation by jointly modeling texture, layout, and context [J]. International journal of computer vision, 2009, 81(1): 2-23.

[92] BERTELLI L, YU T L, VU D, et al. Kernelized structural SVM learning for supervised object segmentation[C]//Computer vision pattern recognition. IEEE, 2011: 2153-2160.

[93] LAFFERTY J, MCCALLUM A, PEREIRA F. Conditional random fields: probabilistic models for segmenting and labeling sequence data[C]//International conference on machine learning. IEEE, 2001: 282-289.

[94] QUATTONI A, WANG S, MORENCY L P, et al. Hidden conditional random fields[J]. IEEE transactions on pattern analysis and machine intelligence, 2007, 29(10): 1848-1853.

[95] WANG Y, MORI G. Max-margin hidden conditional random fields for human action recognition[C]//Computer vision and pattern recognition. IEEE, 2009: 872-879.

[96] WEI Y C, WEN F, ZHU W J, et al. Geodesic saliency using background priors[C]//European conference on computer vision. FORIH, 2012: 29-42.

[97] ZHU W J, LIANG S, WEI Y C, et al. Saliency optimization from robust background detection[C]//Computer vision and pattern recognition. IEEE, 2014: 2814-2821.

[98] VAN GEMERT J, GEUSEBROEK J, VEENMAN C, et al. Kernel codebooks for scene categorization[C]//European conference on computer vision. FORTH, 2008: 696-709.

[99] LAW M, THOME N, CORD M. Hybrid pooling fusion in the bow pipeline[C]//International conference on computer vision. IEEE, 2012: 355-364.

[100] PAPAGEORGIOU C, POGGIO T. A trainable system for object detection[J]. International journal of computer vision, 2000, 38(1): 15-33.

[101] VIOLA P, JONES M J. Robust real-time face detection[J]. International journal of computer vision, 2001, 57(2): 137-154.

[102] ZHU Q, YEH M C, CHENG K T, et al. Fast human detection using a cascade of histograms of oriented gradients[C]//Computer vision and pattern recognition. IEEE, 2006: 1491-1498.

[103] GAVRILA D M. A Bayesian, exemplar-based approach to hierarchical shape matching [J]. IEEE transactions on pattern analysis and machine intelligence, 2007, 29(8): 1408-1421.

[104] WU B, NEVATIA R. Detection of multiple, partially occluded humans in a single image by Bayesian combination of edgelet part detectors[C]//International conference on com-

puter vision. IEEE, 2005: 90-97.

[105] HU W M, TAN T N, WANG L, et al. A survey on visual surveillance of object motion and behaviors[J]. IEEE Transactions on systems, man, and cybernetics, part c: applications and reviews, 2010, 34(3): 334-352.

[106] SERRANO D R. Towards robust multiple-target tracking in unconstrained human-populated environments[D]. Barcelona: Universitatautònoma de barcelona, 2008.

[107] CANDES E J, WAKIN M B, BOYD S P. Enhancing sparsity by reweighted L1 minimization[J]. Journal of fourier analysis applications, 2007, 14(5/6): 877-905.

[108] LISANTI G, MASI L, BAGDANOV A D, et al. Person re-identification by iterative reweighted sparse ranking[J]. IEEE transactions on pattern analysis machine intelligence, 2015, 37(8): 1629-1642.

[109] FANELLO S R, NOCETI N, METTA G, et al. Dictionary based pooling for object categorization[C]//International conference on computer vision theory and applications. ACM, 2014: 269-274.

[110] ZHANG H, BERG A C, MAIRE M, et al. SVM-KNN: discriminative nearest neighbor classification for visualcategory recognition[C]//Computer vision and pattern recognition. IEEE, 2006: 2126-2136.

[111] GRIFFIN G, HOLUB A, PERONA P. Caltech-256 object category dataset[DS]. California: California institute of technology, 2007.

[112] GONZALEZ R C, WOOD R E. 数字图像处理[M]. 3版. 阮秋琦, 阮宇智, 译. 北京: 电子工业出版社, 2017.

[113] 吴青娥, 张焕龙, 姜利英. 目标图像的识别与跟踪[M]. 北京: 科学出版社, 2017.

[114] 庄建, 张晶, 许钰雯. 深度学习图像识别技术: 基于 TensorFlow Object Decection API 和 OpenVINO™工具套件[M]. 北京: 机械工业出版社, 2020.

[115] 章毓晋. 计算机视觉教程[M]. 2版. 北京: 人民邮电出版社, 2017.

[116] 牟少敏, 时爱菊. 模式识别与机器学习技术[M]. 北京: 冶金工业出版社, 2019.

[117] 杨淑莹, 郑清春. 模式识别与智能计算: MATLAB 技术实现[M]. 4版. 北京: 电子工业出版社, 2019.

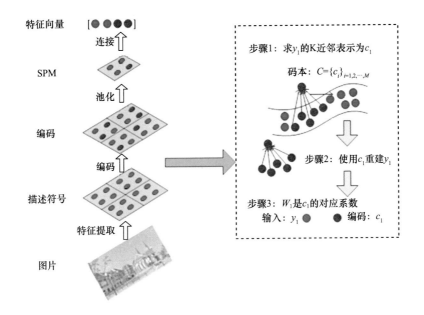

特征向量 [⬤⬤⬤⬤]

连接

SPM

池化

编码

编码

描述符号

特征提取

图片

步骤1：求y_1的K近邻表示为c_1

码本：$C=\{c_i\}_{i=1,2,\cdots,M}$

步骤2：使用c_1重建y_1

步骤3：W_1是c_1的对应系数

输入：y_1 ⬤   编码：c_1 ⬤

图3-1   LLC编码流程

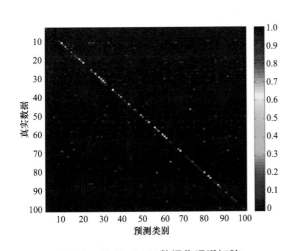

真实数据

预测类别

图3-3   Caltech101数据集混淆矩阵

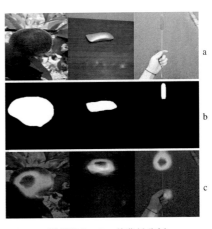

a：原始输入；b：前背景分割；
c：通过显著性方法计算的显著性目标映射

图4-1   显著性目标

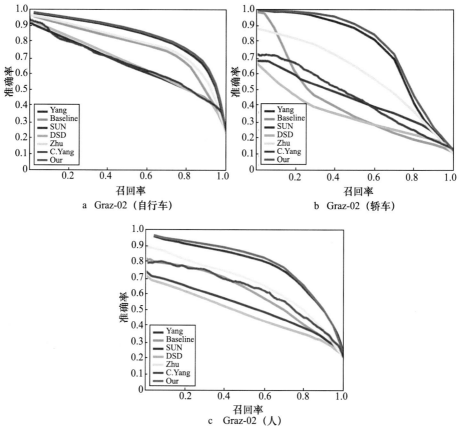

a Graz-02 (自行车) b Graz-02 (轿车)

c Graz-02 (人)

图4-2   在Graz-02数据集上PR曲线（码本大小*M*=512）

a：初始图片；b：通过人体自顶向下模型获得显著性目标区域；
c：通过车辆自顶向下模型获得显著性目标区域

图5-1   复杂场景中的显著性目标映射

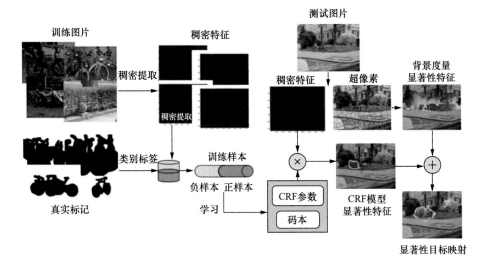

图5-2 本章方法训练框架

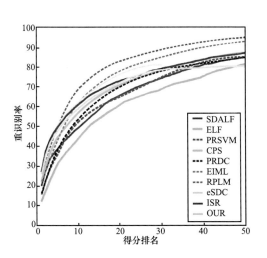

图6-11 rank-50下VIPeR数据集上的
SvsS模式的CMC曲线

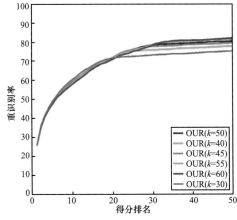

图6-12 不同k值下VIPeR数据集上的
SvsS模式的CMC曲线

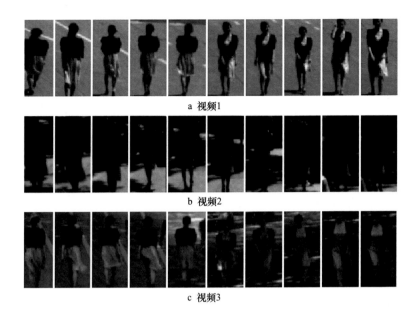

a 视频1

b 视频2

c 视频3

图6-24 三段视频集中目标人体图像

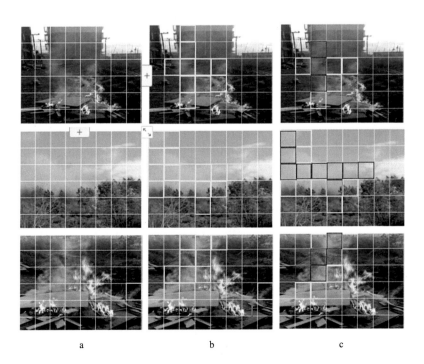

a   b   c

图11-13 视频帧疑似烟雾块提取结果